Pyrohydrolyse eisenchloridhaltiger Lösungen
in Sprühröstreaktoren

Pyrohydrolyse eisenchloridhaltiger Lösungen in Sprühröstreaktoren

Dissertation

zur

Erlangung des Grades

Doktor-Ingenieur

der

Fakultät für Maschinenbau

der Ruhr-Universität Bochum

von

Martin Schiemann

aus Castrop-Rauxel

Bochum 2011

Bibliografische Information der Deutschen Nationalbibliothek
Die Deutsche Nationalbibliothek verzeichnet diese Publikation in der Deutschen Nationalbibliografie; detaillierte bibliografische Daten sind im Internet über http://dnb.d-nb.de abrufbar.

1. Aufl. - Göttingen: Cuvillier, 2012
Zugl.: Bochum, Univ., Diss., 2011

978-3-95404-031-5

Dissertation eingereicht am: 17.11.2011
Tag der mündlichen Prüfung: 17.01.2012

Erster Referent: Prof. Dr.-Ing. V. Scherer
Zweiter Referent: Prof. Dr.-Ing. M. Petermann

Nonnenstieg 8, 37075 Göttingen
Telefon: 0551-54724-0
Telefax: 0551-54724-21
www.cuvillier.de

1. Auflage, 2012
Gedruckt auf säurefreiem Papier

978-3-95404-031-5

Vorwort

Die vorliegende Arbeit entstand während meiner Tätigkeit als wissenschaftlicher Mitarbeiter am Lehrstuhl für Energieanlagen und Energieprozesstechnik der Ruhr-Universität Bochum. Allen, die zum Gelingen dieser Arbeit beigetragen haben, möchte ich an dieser Stelle meinen Dank aussprechen.

Herrn Prof. Dr.-Ing. Viktor Scherer, der diese äußerst interessante Arbeit angeregt und ermöglicht hat, danke ich für die wissenschaftliche Betreuung. Sein großes Fachwissen und sein mir entgegengebrachtes Vertrauen vermittelten mir neue Einblicke in die Materie. Mit vielen hilfreichen Anregungen und aufschlussreichen Diskussionen trug er entscheidend zum Gelingen meiner Arbeit bei.

Ebenso danke ich Prof. Dr.-Ing. Marcus Petermann für die freundliche Übernahme des Korreferates.

Weiterer Dank gebührt Dr.-Ing. Siegmar Wirtz für seine Betreuung und Unterstützung. Während meiner Zeit am Lehrstuhl teilte er mit mir sein breites Fachwissen.

Den Mitarbeitern und Kollegen des Instituts danke ich für die angenehme Zusammenarbeit. Insbesondere danke ich Fabian Greffrath für die fachliche und formale Korrektur dieses Manuskriptes, sowie Witold Arnold für die zahlreichen Anregungen zu dieser Arbeit. Des weiteren danke ich meinen Bürokollegen Dr.-Ing. Mira Theidel und Dr.-Ing. Harald Kruggel-Emden für das tolle Arbeitsklima sowie die fachlichen und persönlichen Gespräche, die eine große Bereicherung darstellten.

Mein weiterer Dank gilt der Werkstatt des Instituts für Energietechnik unter der Leitung von Frank Markner und Michael Melang, die meine Konstruktionswünsche stets zu meiner vollsten Zufriedenheit erfüllte.

Abschließend danke ich meiner Familie für ihre Unterstützung und ihre Ermunterungen auf meinem beruflichen Werdegang.

Besonderer Dank gilt meiner Frau Martina, die mir vor und während dieser Arbeit stets zur Seite gestanden hat.

Castrop-Rauxel, im Februar 2012 Martin Schiemann

Kurzfassung

Die vorliegende Arbeit behandelt den Sprühröstprozess als Regenerationsprozess eisenchloridhaltiger Beizlösungen. Zur Behandlung verzunderter Metalloberflächen wird häufig Salzsäure genutzt, mit der Eisenoxidschichten entfernt werden. Die im Laufe dieses Prozesses immer weiter mit Eisenchlorid aufgesättigte Lösung wird anschließend regeneriert, so dass die Salzsäure wieder in den Beizprozess zurückgeführt werden kann. Die Regenerierung erfolgt durch Eindüsung der gesättigten Lösung in eine typischerweise mit Erdgas beheizte Brennkammer. Dabei bildet sich Eisenoxid (Fe_2O_3) als Nebenprodukt. Abhängig von der Beschaffenheit kann auch dieses Nebenprodukt kommerziell genutzt werden, führt also zu einer weiteren Kostenoptimierung des Produktionsvorgangs. Bisher sind nur wenige Details der Partikelbildung während des Sprühröstprozesses eisenchloridhaltiger Lösungen bekannt. Diese sind aber notwendig, um das Design industrieller Anlagen zu optimieren.

Der Schwerpunkt der Arbeit liegt auf der experimentellen und numerischen Untersuchung der gebildeten Eisenoxidpartikel. Dazu wurde ein laminarer Fallrohrreaktor im Labormaßstab gebaut, in dem monodisperse Tropfen einer Eisenchloridlösung unter typischen Bedingungen abgeröstet wurden. An den so entstandenen Feststoffproben wurden Untersuchungen bezüglich der Partikelmorphologie, Oberflächenstruktur und Mineralphasenzusammensetzung durchgeführt, die eine Charakterisierung und Bewertung des Röstvorganges ermöglichten. Aus den Laborexperimenten wurden Ergebnisse gewonnen, die zur Optimierung eines Modells zur numerischen Simulation industrieller Anlagen genutzt werden konnten. Das Modell stellt den Partikelbildungsprozess vereinfacht dar, beinhaltet aber charakteristische Merkmale der Partikelbildung sowie der Reaktionskinetik.

Bei industriellen Sprühröstreaktoren handelt es sich um großvolumige Anlagen, in denen eine turbulente, rotierende Heißgasströmung vorherrscht, in die die Eisenchloridlösung eingedüst wird. Aufgrund der komplexen Strömungsverhältnisse und der über mehr als eine Größenordnung streuenden Größenverteilung der Tropfen nach erfolgter Eindüsung ist eine experimentelle Untersuchung der Partikelbildung in diesen Anlagen nur eingeschränkt möglich. Das mit Daten der Laborexperimente entwickelte Modell konnte genutzt werden, um mittels CFD-Simulationen den Einfluss verschiedener Betriebszustände auf die Eigenschaften der Eisenoxidpartikel zu bestimmen. Weiterhin konnten die Simulationen Aufschluss über die Strömungsverhältnisse in industriellen Großanlagen liefern. Die Ergebnisse führen zu einem erweiterten Verständnis der Vorgänge in Sprühröstreaktoren und bilden eine Grundlage zur weiteren Optimierung des Prozesses mittels numerischer Simulationen.

Inhaltsverzeichnis

Formelverzeichnis

Lateinische Buchstaben

A	= Fläche	$[m^2]$
$\overline{C}$	= mittlere Molekülgeschwindigkeit	$\left[\frac{m}{s}\right]$
c_p	= spez. Wärmekapazität bei konst. Druck	$\left[\frac{J}{kg \cdot K}\right]$
D	= Diffusionskoeffizient	$\left[\frac{m^2}{s}\right]$
d	= Abstand	$[m]$
d	= charakt. Länge (in dim.-losen Kennzahlen)	$[m]$
d_i	= Innendurchmesser	$[m]$
d_s	= Strahldurchmesser	$[m]$
d_s	= Tropfendurchmesser	$[m]$
$d_{pore,\,max}$	= Porendurchmesser mit maximalem Volumenanteil	$[nm]$
$d_{s,0}$	= anfänglicher Tropfendurchmesser	$[m]$
E_0	= Anfangsenergie	$[J]$
E_a	= Aktivierungsenergie	$\left[\frac{J}{\text{mol}}\right]$
E_c	= Notwendige Mindestenergie	$[J]$
E_{Ph}	= Energie eines Photons	$[J]$
h	= Planck'sches Wirkungsquantum	$h = 6,63 * 10^{-34} Js$
J_K	= molarer Fluss	$\left[\frac{1}{m^2}\right]$
K	= Konstante	
K_0	= Knudsenfaktor	$[m]$
k_0	= Präexponentieller Faktor	$\left[\frac{1}{s}\right]$
k_f	= Reaktionsgeschwindigkeitskonstante der Vorwärtsreaktion	$\left[\frac{1}{s}\right]$

$\dot{m}$	= Massenstrom	$\left[\frac{kg}{s}\right]$
M	= Molmasse	$\left[\frac{kg}{kmol}\right]$
n	= Moleküldichte	$\left[\frac{1}{m^3}\right]$
p	= Druck	$[Pa]$
p_0	= Sättigungsdampfdruck des Adsorbats	$[Pa]$
p_s	= Druck an der Tropfenoberfläche	$[Pa]$
p_∞	= Druck im Unendlichen	$[Pa]$
$p_{D_{(s)}}$	= Dampfdruck (an der Oberfläche)	$[Pa]$
$R(x)$	= Eindringtiefe des Elektronenstrahls	$[m]$
R_D	= Gaskonstande von Dampf	$R_D = 462\frac{J}{kgK}$
r_f	= Reaktionsrate der Vorwärtsreaktion	$\left[\frac{\mathrm{mol}}{m^2 s}\right]$
r_s	= oberflächenspezifische Reaktionsrate	$\left[\frac{\mathrm{mol}}{m^2 s}\right]$
$r_{k_{(i)}}$	= Radius der Kapillare i	$[m]$
$r_{P_{(i)}}$	= Radius der Pore i	$[m]$
T	= Temperatur	$[K]$
t	= Zeit	$[s]$
t_i	= Schichtdicke	$[m]$
$\vec{v}_p$	= Partikelgeschwindigkeit	$\left[\frac{m}{s}\right]$
v	= Geschwindigkeit	$\left[\frac{m}{s}\right]$
v_0	= adsorb. Gasvolumen pro Adsorberfläche	$\left[\frac{m^3}{m^2}\right]$
v_m	= adsorb. Gasvolumen auf gesamter Adsorberfläche	$[m^3]$
w	= Wahrscheinlichkeitsfaktor	

Griechische Buchstaben

α	= Wärmeübergangskoeffizient	$\left[\frac{W}{m^2 \cdot K}\right]$
$\tilde{\alpha}$	= Schrumpfungsrate	$\left[\frac{m^2}{s}\right]$
β	= Stoffübergangskoeffizient	$\left[\frac{s}{m}\right]$
Δt_1	= Schichtdickenänderung	$[m]$

Ω_D	= Kollisionsintegral der Diffusion	$[-]$
ϵ	= Porosität	$\left[\frac{m^3_{Gas}}{m^3_{Feststoff}}\right]$
λ	= Wellenlänge	$[m]$
λ_l	= Wärmeleitfähigkeit eines Fluids	$\left[\frac{W}{m \cdot K}\right]$
ν	= Frequenz	$\left[\frac{1}{s}\right]$
ν	= dynamische Viskosität	$\left[\frac{m^2}{s}\right]$
ν_X	= stöchiometrischer Koeffizient der Substanz X	$[-]$
ρ	= Dichte	$\left[\frac{kg}{m^3}\right]$
σ_{AB}	= charakteristische Länge	$[\text{Å}]$
τ	= Tortuosität	$[-]$
θ	= Reflexionswinkel	$[°]$

Dimensionslose Kennzahlen

Nu	= Nusselt-Zahl
Re	= Reynoldszahl
Sc	= Schmidt-Zahl
Sh	= Sherwood-Zahl

1. Einleitung

Vornehmlich in der Stahlproduktion entstehen eisenchloridhaltige Lösungen als Abfallprodukt. Beizsäure (verdünnte Salzsäure, HCl) wird genutzt, um heiße Stahloberflächen von Zunder und anderen Ablagerungen zu reinigen. Die für den Prozess benötigte Salzsäure wird dabei verbraucht, während sich das hochgiftige Eisenchlorid in der Lösung anreichert. Die verbrauchte Beizlösung kann mittels thermischer Regenerationsprozesse wieder in Salzsäure umgewandelt und in den Prozesskreislauf zurückgeführt werden. Als Nebenprodukt entsteht dabei Eisenoxid (Hämatit). Wenn dieses strengen Qualitätsanforderungen entspricht, kann es kommerziell genutzt werden. Somit wird die Kostenbilanz des Regenerationsprozesses weiter verbessert.

Sprühröstreaktoren stellen eine Technologie zur Rückgewinnung von Beizlösungen dar. Der Reaktor selbst ist Teil einer Prozesseinheit aus mehreren Komponenten. Abbildung 1.1 skizziert den Weg der Salzsäure im Prozesskreislauf. Die verbrauchte Lösung wird durch einen Wärmetauscher in den Sprühröstreaktor geführt, wo sie durch Düsen zerstäubt in eine heiße Reaktionsumgebung eingebracht wird. Unter dem Einfluss von Temperatur, Wasserdampf und Sauerstoff spaltet sich das Eisenchlorid in Salzsäure und Eisenoxid auf. Letzteres wird als pulverförmiger Feststoff am unteren Reaktorende aus dem Kreislauf entfernt. Die erzeugte Salzsäure entweicht durch den oberen Reaktorausgang und wird wieder in den Beizprozess zurückgeführt. Dazu wird sie im Absorber durch Wasserabsorption zu ca. 20 mol-% aufkonzentriert. Der Prozess zeichnet sich durch eine hohe Effektivität aus. In der Regel werden mehr als 99 % der Salzsäure zurückgewonnen.

Weltweit waren im Jahr 2003 Anlagen mit einer Kapazität zur Regenerierung von 1 Mio. l/h Beizsäure installiert. Durch den wachsenden Anteil vor allem der asiatischen Märkte ist von einer weiteren Steigerung der installierten Anlagenleistung auszugehen. Bei einem Energieverbrauch von ca. $3MJ/l_n$ flüssiger Salzsäure wird deutlich, dass ein effektiver Prozess mit gut verwertbaren Nebenprodukten in Form von Eisenoxidpartikeln von steigendem Interesse ist.

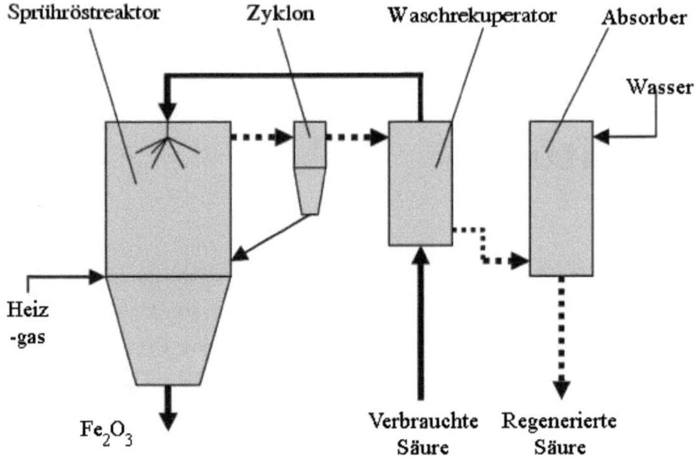

Abbildung 1.1.: Prozessschaubild einer Sprührösteinheit nach Ruthner [60].

1.1. Inhalt der vorliegenden Arbeit

Das gewünschte Endprodukt Hämatit bildet sich nur unter exakt gesteuerten Bedingungen in ausreichender Qualität, um es in industriellen Prozessen weiter zu verarbeiten. Eine genaue Kenntnis der zu wählenden Betriebsparameter für den Röstprozess ist daher unabdingbar.

Die vorliegende Arbeit untersucht die Partikelbildung sowohl auf experimenteller als auch numerischer Basis. Derzeit wird das Anlagendesign von Sprühröstreaktoren meist von Erfahrungswerten gesteuert. Dabei sind nur wenige Detailinformationen über die Partikelbahnen, zeitliche Abläufe der Reaktionsschritte und für den Prozess spezifische Zonen in Industrieanlagen bekannt. Die Größe der Anlagen, die aggressive Atmosphäre und die komplexen Strömungsverhältnisse erschweren oder verhindern eine experimentelle Erfassung. Daher ist die numerische Simulation dieser Anlagen von besonderer Bedeutung, um die Auslegung weiter zu optimieren.

Um den Partikelbildungsprozess unter definierten Bedingungen zu studieren, wurde ein Laborreaktor entworfen und aufgebaut, der typische Randbedingungen für die Sprühröstung eisenchloridhaltiger Lösungen erzeugen kann. Darin wurden unter Variation der Gasphasenzusammensetzung Proben abgerösteter Partikel erstellt. Diese wurden bezüglich der Parameter spezifische Oberfläche und Porengrößenverteilung mittels Physisorptionsmessungen untersucht. Ebenfalls wurden Partikel im Rasterelektronenmikroskop elektrographisch abgebildet. In einem Röntgendiffraktometer wurde die Mineralphasenzusammensetzung bestimmt. Ausgehend von den Messergebnissen und verfügbaren Daten aus der Literatur wurde ein Modell zum Einsatz in *CFD*[1]-Simulationen entwickelt. Es beschreibt den Prozess der Partikelbildung vereinfacht, bildet aber wesentliche Merkmale ab. Anhand von Simulationen des Laborreaktors konnte die Gültigkeit des Modells bestätigt werden. Dieses Modell wurde genutzt, um die Auswirkung von Konfigurationsänderungen in industriellen Sprühröstreaktoren zu bestimmen.

[1] *C*omputational *F*luid *D*ynamics

2. Überblick - Stand der Technik

Der Prozess der Pyrohydrolyse ist vor allem in der metallverarbeitenden Industrie beheimatet [68]. Er wird dort zur Regenerierung von Beizlösungen genutzt. Das Beizen von Stahloberflächen ist grundsätzlich notwendig, da diese während der Herstellung hohen Temperaturen (800-900 $°C$) und Luftsauerstoff ausgesetzt sind. Dadurch wird die Bildung von Eisenoxidschichten auf der Oberfläche forciert. Auf dem reinen Stahl bildet sich zuunterst eine Schicht FeO (Wüstit), auf der sich eine weitere Schicht Fe_3O_4 (Magnetit) und abschließend Fe_2O_3 (Hämatit) anlagern [47, 49]. Diese Oxidschichten erschweren die weitere Verarbeitung vor allem dort, wo eine reine Stahloberfläche, z.B. zur Vergütung oder Beschichtung, benötigt wird [22].

Seit ungefähr 60 Jahren wird ein Großteil des produzierten Stahls mit Salzsäure (HCl) gebeizt [68, 78]. Diese hat die vorher häufig verwendete Schwefelsäure verdrängt, da der Beizprozess mit HCl mehrere Vorteile besitzt:

- Bessere Penetration der Oxidschicht (Schwefelsäure löst hauptsächlich reines Eisen und unterwandert die verzunderte Oberfläche [68]).
- Ökonomischere Regenerierung der verbrauchten Säure [73].
- Geringere Abstumpfung (d.h. Verlust der Beizfähigkeit) der Säure durch gelöstes Eisenoxid [35].
- Um eine Größenordnung schnellere Beizgeschwindigkeit [49].

Trifft die azide Lösung auf die Zunderschicht der Stahloberfläche, werden die drei vorab erwähnten Eisenoxide durch die Salzsäure chemisch gelöst und umgewandelt, wobei der Prozess durch die folgenden drei Reaktionen beschrieben werden kann [80]:

$$Fe_2O_3 + Fe + 6HCl \rightarrow 3FeCl_2 + 3H_2O \quad (2.1)$$

$$Fe_3O_4 + Fe + 8HCl \rightarrow 4FeCl_2 + 4H_2O \quad (2.2)$$

$$FeO + 2HCl \rightarrow FeCl2 + H_2O \quad (2.3)$$

Die Gleichungen 2.1-2.3 deuten an, dass die Konzentration der Salzsäure in der Beizlösung abnimmt, während eine Anreicherung mit Eisen(-di-)chlorid ($FeCl_2$) stattfindet. Nach Kladnig beträgt die anfängliche HCl-Konzentration 180-200 g/l (18 $Gew.\%$) [47]. Diese nimmt mit fortschreitender Prozessdauer um bis zu 85 % ab. Dies kann zu einem Gehalt von bis zu 150-250 g/l Metall in der Lösung führen [58]. Dadurch wird ein Regenerationsprozess notwendig, der einerseits das an Eisen gebundene Chlor wieder als Salzsäure dem Beizvorgang zuführt, andererseits ökonomisch und ökologisch verträglich das Eisen aus der verbrauchten Flüssigkeit entfernt.

Die Regeneration von Salzsäure kann auf verschiedenen Wegen technisch realisiert werden [47, 49, 67, 73]. Die beiden prominentesten darunter sind der Sprühröstprozess (auch Ruthner-Prozess) und die Trocknung in Wirbelschichten (Lurgi-Prozess). Ein Vergleich beider Systeme wurde von Steinbach und Bärhold durchgeführt [92]. Unter bestimmten Bedingungen ist der Sprühröstprozess der Wirbelschicht vorzuziehen. Im Sprühröstreaktor ist die abgeschiedene Salzsäure leichter von ebenfalls durch den Gasauslass des Ofens ausgetragenen Feststoffrückständen zu reinigen, die Partikelgröße fällt generell geringer aus und die Qualität des produzierten Hämatits prädestiniert es zur Weiterverarbeitung in der Ferritindustrie. Im folgenden Unterkapitel wird der Sprühröstprozess allgemein und modellhaft erklärt, während die für diese Arbeit notwendigen Details in Kapitel 3 diskutiert werden.

2.1. Sprühröstung zur Regeneration von Beizsäure

Die industriell genutzten Sprühröstreaktoren ähneln grundsätzlich dem in Abbildung 2.1 gezeigten Modell. Die typische Form wird durch einen vertikalen Zylinder beschrieben, der an den Enden konisch zuläuft. In der Regel befinden sich am unteren Ende der senkrechten Zylinderwände zwischen einem und vier tangential angebrachten Brennern, die für die Erzeugung einer um die Vertikalachse rotierenden Heißgasatmosphäre benötigt werden.

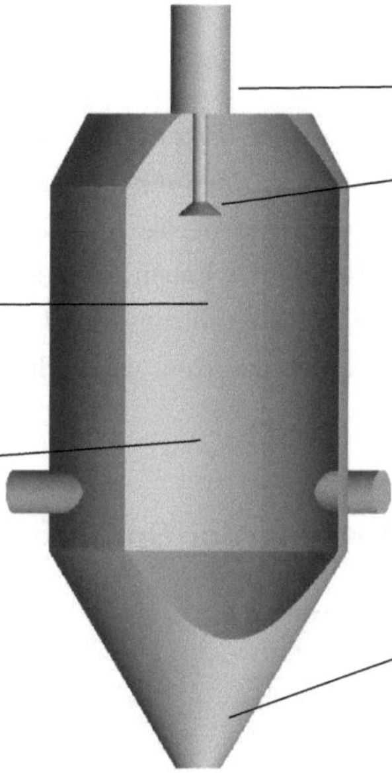

Abbildung 2.1.: Schnittzeichnung eines Sprühröstreaktors.

Die Brenner werden üblicherweise überstöchiometrisch betrieben, um Sauerstoff im Reaktionsraum zur Verfügung zu stellen, wobei als Brennstoff sowohl Erdgas, Schwachgas als auch leichte Heizöle verwendet werden [92]. Im oberen Bereich des Reaktors befinden sich je nach Reaktorgröße bis zu vier Düsenstöcke. Durch diese wird die Eisenchloridlösung mit einem Druck von ca. 5 bar in den Reaktor eingedüst. Die Tropfen durchlaufen dann zuerst einen Trocknungsprozess, bevor sie im unteren Bereich des Reaktors chemisch mit den Komponenten des Heißgases reagieren. Die dabei freigesetzten Gase, z.B. die regenerierte Salzsäure, entweichen dabei zusammen mit den Brennerabgasen aus dem oberen Ofenauslass, wogegen die festen Partikel am unteren Ende des Reaktors abtransportiert werden. Das Gas, das den Reaktor am oberen Ende verlässt, wird durch eine Kolonne von Bauteilen zur Heißgasreinigung geleitet, bevor die Salzsäure abgetrennt und wieder dem Beizvorgang zugeführt werden kann.

Nach der Verdampfung des gesamten Wassers durchläuft das zurückbleibende Eisenchlorid chemische Reaktionen, die global zu der Reaktionsgleichung

$$4FeCl_2 + 4H_2O + O_2 \rightarrow 2Fe_2O_3 + 8HCl - 55,0\,kJ/\,\mathrm{mol} \tag{2.4}$$

führen [65]. Es handelt sich also um eine exotherme Reaktion, deren freigesetzte Enthalpie allein aber nicht reicht, um den Prozess innerhalb des Reaktors kontinuierlich fortlaufen zu lassen. Der Energiebedarf, der mittels Zufuhr durch die Brenner gedeckt werden muss, beträgt abhängig von Anlagengröße und Konzentration der Ausgangslösung ca. $3,14 * 10^9 J/m^3_{n,HCl}$ [40]. Aufgrund des hohen Energiebedarfs besteht die Motivation, nicht nur die regenerierte Säure zur Fortführung des Beizprozesses zu nutzen, sondern auch das entstehende Eisenoxid zu vermarkten, wodurch sich Ansprüche an die Qualität des Produkts ergeben.

2.1.1. Kommerzielle Nutzung der Sprühröstprodukte

Mögliche Absatzmärkte für Eisenoxid sind vielfältig vorhanden:

- Herstellung von Farbpigmenten [48]
- Ferritindustrie [24, 100]
- technische Keramik [101]
- Magnetspeichermedien [93]
- Katalysatormaterialien
- Beton-, Zement- und Feuerfestmaterialien
- medizinische oder biochemische Anwendungen [83, 93]

Die genannten Autoren geben auch Qualitätskriterien für das jeweils eingesetzte Eisenoxid an. Unabhängig von der Anwendung des extrahierten Materials wird ein niedriger Chlorgehalt (< 1 %) gefordert. Weiterhin ist für viele Anwendungen eine hohe spezifische Oberfläche von Bedeutung.

2.2. Stand der Forschung

Bislang ist die Datenbasis zur Beschreibung der Sprühröstung von Eisenchlorid aus öffentlich zugänglicher Literatur gering. Die meisten Untersuchungen, deren Ziel die Beschreibung der resultierenden Feststoffeigenschaft ist, beziehen sich auf Anlagen im industriellen Maßstab.

Numerische Simulationen im Brennernahbereich wurden von Johansson [41] und Westerberg [97] durchgeführt, dabei wurde aber der Fokus auf eine Verminderung des Partikeleintrags in den Brenner gelegt, der Partikelbildungsprozess wurde nur rudimentär betrachtet.

Der Einfluss einiger Prozessparameter auf die Qualität der erzeugten Eisenoxide - hauptsächlich ist Hämatit (Fe_2O_3) gefordert - wurde von Zaspalis et al. [100, 101] durch Variation der Bedingungen in einem kommerziellen Sprühröstreaktor untersucht. Der Schwerpunkt der Untersuchungen lag auf der Analyse der Partikeloberfläche mittels BET-Analyse, die gemessenen spezifischen Oberflächen betrugen 2,4-20 m^2/g.
Kladnig [48] gibt in einem Review über die Nutzung von Eisenoxiden als Pigment eine typische Oberfläche von 3-4,5 m^2/g an, die durch Aufmahlen auf bis zu 10 m^2/g oder mehr vergrößert werden kann.
Weitere Angaben werden von Peek [68] gemacht, der bezüglich der spezifischen Oberfläche einen deutlich höheren Zahlenwert von 20-50 m^2/g nennt. Allerdings wird darauf verwiesen, dass dazu ein "exotischer" höherer Wassergehalt der eingedüsten Lösung notwendig ist, sowie höhere Aufheizraten und Temperaturen. Die Tropfen werden dadurch während der Trocknung destabilisiert, brechen auf und die Oberfläche wird vergrößert (vgl. Kapitel 3.1.2).

Untersuchungen unter Laborbedingungen sind bislang nur von Beck [6, 7, 8, 9] bekannt. Dabei wurde die Partikelbildung in einem laminaren Fallrohrreaktor untersucht. Die Prozessparameter Temperatur und Wasserdampfgehalt wurden bei diesen Versuchen allerdings anlagenbedingt nicht exakt auf die Bedingungen in industriellen Sprühröstreaktoren abgestimmt. Die Untersuchung der Partikeleigenschaften bezog sich auf die mineralische und chemische Beschaffenheit der Partikel. Ein vereinfachtes numerisches Modell der Partikelabröstung zum Einsatz in *CFD*-Simulationen wurde entwickelt. Dieses Modell berücksichtigte die Reaktionskinetik aufgrund der Chemie und der Grenzschichtdiffusion. Die Porendiffusion wurde nicht in das Modell aufgenommen. Die Trocknung der Partikel wurde unter Vernachlässigung der Hydratstufen berechnet. Die Änderung der Partikelgröße wurde allein aus der Größenabnahme während der Trocknung bestimmt.

Die Variation der in Literaturquellen angegebenen spezifischen Oberfläche (2,4-50 m^2/g) macht deutlich, dass dieser - zusammen mit der Porengröße der Partikel für die Reaktivität während der Regenerierung als auch der Weiterverarbeitung - wichtige Parameter in die Untersuchung der Pyrohydrolyse einfließen muss. Daher widmen sich Teile der vorgelegten Arbeit der Bestimmung beider Größen. Weiterhin ist die möglichst vollständige Entfernung von Chlor aus den Eisenoxidrückständen zu gewährleisten. Die numerische Simulation benötigt als Eingangsgröße Parameter zur Berechnung einer Kinetik, auch wenn diese nur globaler Natur sind. Für die chemische Reaktion von Eisenchlorid mit Wasserdampf ist aber keine grundlegende Literatur vorhanden.

2.2.1. Beitrag der vorliegenden Arbeit

Ziel der vorliegenden Arbeit ist die Entwicklung eines vereinfachten Modells zur numerischen Simulation des Sprühröstprozesses in Großanlagen. Dazu wurde ein Laborreaktor gebaut, in dem die Partikelentstehung unter quasi-eindimensionalen Bedingungen experimental betrachtet werden kann. Unter relevanten Bedingungen wurden Proben von partiell abgerösteter Partikel erzeugt, um die Kinetik der Reaktion wie auch die Beschaffenheit der Partikeloberfläche als Eingangsparameter für die numerische Simulation festzulegen.

Das entwickelte Modell beschreibt die Trocknung der Partikel unter Berücksichtigung der verschiedenen Hydratstufen des Eisenchlorids. Die Partikelmorphologie wurde anhand der experimentell bestimmten Partikelgrößen im Labor (Kapitel 5.1), des Brenn-Modells zur Bestimmung der Bildung einer festen Schale in Tropfen salzhaltiger Lösungen (Kapitel 3.1.3) und allgemeiner Annahmen zum Blähverhalten von Partikeln (Kapitel 6.2.1) berechnet. Durch Extrapolation wurden auch Partikelgrößen berücksichtigt, die nicht im Labor untersucht wurden. Die Reaktionskinetik wurde ausgehend von den Überlegungen von Beck [6] um einen Anteil der Porendiffusion erweitert. Die dazu notwendigen Parameter konnten aus den Laborversuchen bestimmt werden.

Das Modell beschreibt sowohl die Ergebnisse der Laborversuche, hat sich aber auch als geeignet zur Simulation von Anlagen im industriellen Maßstab erwiesen (Kapitel 7). Der Einfluss der Anlagenkonfiguration auf das Röstergebnis konnte so nachgewiesen werden.

3. Grundlagen des Sprühröstens

In Sprühröstreaktoren durchläuft die eingedüste Lösung mehrere physikalische und chemische Prozesse, bevor das Endprodukt den Reaktor verlässt. Das folgende Kapitel gibt einen Überblick über die stattfindenden Schritte.

3.1. Partikelbildung aus Tropfen

3.1.1. Trocknung

Bevor die Trocknung eines Tropfens beginnt, muss dieser bis zur Verdampfungstemperatur der enthaltenen Flüssigkeit aufgeheizt werden. Dies geschieht durch konvektiven Wärmeübergang[1]. Im Fall laminarer Umströmung der Partikel, also kleiner Relativreynoldszahlen (diese liegen in Sprühröstern vor, s. Anhang), wird dieser durch die dimensionslose Nusselt-Zahl

$$Nu(Re, Pr) = \frac{\alpha d}{\lambda_l} = 2 + 0,6\sqrt{Re}\sqrt[3]{Pr} \tag{3.1}$$

beschrieben, wobei die rechte Seite der Gleichung für eine umströmte Kugel gilt. Der Koeffizient α wird Wärmeübergangskoeffizient genannt, d ist der Durchmesser der Kugel und λ_l ist die Wärmeleitfähigkeit des umgebenden Fluids. Die Nusselt-Zahl ist die Funktion zweier dimensionsloser Kennzahlen, der Reynolds-Zahl

$$Re = \frac{vd}{\nu}, \tag{3.2}$$

berechnet aus der Relativgeschwindigkeit v (hier zwischen Gas und Tropfen), dem Tropfendurchmesser d und der dynamischen Viskosität ν, und der Prandtl-Zahl

$$Pr = \frac{\nu}{a}, \text{ wobei gilt: } a = \frac{\lambda_l}{\rho c_p}. \tag{3.3}$$

[1] Strahlungswärmeübertragung wird im Folgenden nicht berechnet, wie in Kapitel 6.2 auch argumentativ begründet wird.

Die Reynoldszahl beschreibt die Reibungs- und Trägheitskräfte auf das Strömungsfeld, bei der Prandtl-Zahl handelt es sich um die Verknüpfung von Temperatur- und Geschwindigkeitsfeld. Der Faktor a, zusammengesetzt aus der Wärmeleitfähigkeit λ_l, der Wärmekapazität c_p und der Dichte ρ, beschreibt die Temperaturleitfähigkeit des Fluids.

Mit einsetzender Verdampfung muss auch der Massentransport von der Tropfenoberfläche beschrieben werden. Dies geschieht analog durch die Sherwood-Zahl

$$Sh(Pr, Sc) = \frac{\beta d}{D} = 2 + 0.654\sqrt{Re}\sqrt[3]{Sc} \tag{3.4}$$

für eine umströmte Kugel. Hier gehen neben dem Stoffübergangskoeffizienten β der Durchmesser d und der Diffusionskoeffizient D des entweichenden oder aufgenommenen Stoffes im umgebenden Fluid ein, wobei ebenfalls die Darstellung über die Reynoldszahl und die Schmidt-Zahl

$$Sc = \frac{\nu}{D} \tag{3.5}$$

möglich ist. Diese wird aus dem Verhältnis von dynamischer Viskosität ν und Diffusionskoeffizient D gebildet.

Verdunstet Flüssigkeit an einer Oberfläche, so diffundiert der Dampf in die umgebende Gasphase, jedoch dringt das Gas nicht in die Flüssigkeit ein. Da der Partialdruck des Dampfes an der Oberfläche p_D größer ist als der Dampfdruck im Unendlichen, gleichzeitig aber auch ein Partialdruckgefälle des Gases in Richtung der Oberfläche vorhanden ist, lässt sich der Massenstrom des Dampfes schreiben als

$$\dot{m}_D = -A\frac{D}{R_D T} \cdot \frac{dp_D}{dl} + \dot{m}_D \cdot \frac{p_D}{p}. \tag{3.6}$$

Nach einfacher Umformung erhält man daraus für den Dampfmassenstrom

$$\dot{m}_D = -A\frac{D}{R_D T}\frac{1}{1-\frac{p_D}{p}} \cdot \frac{dp_D}{dl}, \tag{3.7}$$

wobei A die Austauschfläche darstellt und R_D die Gaskonstante des Dampfes beschreibt [52]. Somit ist der Massenstrom umgekehrt proportional zur Druckdifferenz $p - p_D$. Eine Gleichung zur Berechnung des Sattdampfdrucks eines Reinstoffs wird von Antoine vorgeschlagen [74]:

$$ln\, p_D = A - \frac{B}{T+C} \tag{3.8}$$

Bei A, B und C handelt es sich um stoffabhängige Koeffizienten. Erreicht die Temperatur den Siedepunkt, so wird der Vorgang Verdampfung genannt. Der Stofftransport erfolgt dann aufgrund des gestiegenen Gesamtdrucks an der Oberfläche, der zu einer Strömung führt.

Da es sich bei dem betrachteten System, Eisenchlorid gelöst in Wasser, um ein mindestens zweiphasiges System handelt (lässt man die chemischen Details außen vor), ist der Dampfdruck des Wassers nach unten verschoben [52, 55]. Weiterhin ist ein Teil des Wassers chemisch adsorbiert (Kristallwasser), wodurch für diesen Teil wiederum eine Absenkung des Dampfdrucks zu beachten ist [52, 76].

3.1.2. Partikelbildung

Der Trocknungsprozess eines Tropfens, in dessen flüssiger Phase eine kristallisierende Substanz gelöst ist, wird in drei Phasen eingeteilt [90]:

- 1. Trocknungsschritt: In dieser Phase beginnt die Verdampfung der Flüssigkeit an der Tropfenoberfläche. Für die Geschwindigkeit sind die Transporteigenschaften der Gasphase dominant, daher sind die Nusselt- und die Sherwood-Zahl die bestimmenden Größen. Durch die Verdampfung der Flüssigkeit nimmt der Durchmesser des Flüssigkeitstropfens ab, es gilt das für weite Bereiche gültige d^2-Gesetz [28]:

$$\left(\frac{d_s}{2}\right)^2 = \left(\frac{d_{s,0}}{2}\right)^2 - \frac{2DM}{\rho RT}(p_s - p_\infty)t \tag{3.9}$$

  Die Gleichung beschreibt die Abnahme des Tropfendurchmessers d_s mit der Zeit. Eingehende Größen sind der anfängliche Tropfendurchmesser $d_{s,0}$, die Diffusionskonstante des Dampfes D, die Molmasse von Dampf M, die Dichte ρ der Flüssigkeit, die allg. Gaskonstante R, die Temperatur an der Oberfläche T, die Druckdifferenz zwischen Oberfläche und Umgebung $p_s - p_\infty$, und die seit Trocknungsbeginn verstrichene Zeit t. Mit fortschreitender Eindampfung ändert sich auch die Konzentration der gelösten Substanz, da zum Einen von der zurückweichenden Oberfläche verbleibendes Material nach innen wandert, andererseits aber auch ein Gradient ansteigender Konzentration der gelösten Substanz zur Oberfläche hin auftritt (Abbildung 3.1), wenn an der Oberfläche das Lösungsmittel verdampft. Schließlich bildet sich eine Schale des gelösten Feststoffs an der Partikeloberfläche. Diese beeinflusst den Stofftranport zur Oberfläche anfangs nicht, sondern erst, wenn die komplette

Oberfläche des Tropfens von einer festen Hülle umschlossen ist [16]. Solange die Schale so porös ist, dass durch die Poren eine ausreichende Flüssigkeitsmenge diffundiert, um für eine vollständige Bedeckung der Oberfläche zu sorgen, bleibt das Verhalten gleich. Sinkt die Flüssigkeitskonzentration an der Oberfläche jedoch ab, beginnt der zweite Trocknungsschritt.

- 2. Trocknungsschritt: Mit Ausbildung einer Hülle, die das Partikel komplett umschließt, ändert sich die Verdampfungsrate, wobei die Größen Umgebungsdruck, Temperatur, Eigenschaften der Flüssigkeit und Partikelgröße Einfluss auf den Ablauf haben. Der Verdampfungsprozess wird kontrolliert durch die Permeabilität der Hülle, den effektiven Porenradius und die Schichtdicke. Abhängig von diesen Parametern beschreibt Sirignano verschiedene Szenarien ([90], Abbildung 3.1). Dabei können die Endzustände Vollkugel, Hohlsphäre oder zerborstenes Partikel ebenso eintreten wie eine kollabierte äußere Hülle. Eine Vollkugel wird dann ausgebildet, wenn die Permeabilität der Hülle groß genug ist, um dem im Inneren entstehenden Dampf wenig Widerstand zu bieten, und gleichzeitig die mechanische Festigkeit so gering ist, dass die Hülle der zurückweichenden Flüssigkeitsfront durch deren Oberflächenspannung nach innen folgt. Ist dagegen die Hülle stabil genug, um nicht weiter nach innen zurückzuweichen, stagniert diese bei festem Durchmesser, bevor sämtliche Flüssigkeit verdampft ist. Dieser Zustand führt zur Bildung einer Hohlkugel. Abhängig von der Permeabilität der Hülle bleibt der Durchmesser konstant oder steigt durch zunehmenden Innendruck weiter an, das Partikel bläht sich somit auf. Übersteigt der Innendruck die Festigkeit der Hülle, kann diese reißen, was zu einer jetartigen Ausströmung aus dem Inneren des Partikels oder zum Bersten der Hülle führt. Neben diesen Zuständen beschreibt Charlesworth [16] die Möglichkeit, dass ein Partikel in eine schwammartige Struktur zusammenfällt, wenn die Hülle zwar der mechanischen Beanspruchung des Blähvorganges widerstanden hat, aber die Permeabilität zu gering ist, als dass nach Verdampfung des Lösungsmittels Gas aus der Umgebung schnell in das Partikel eindringen kann. Unabhängig welches der vier beschriebenen Szenarien eintritt, kann die Temperatur des Tropfens in dieser Phase die Siedetemperatur des Liquids übersteigen. Durch die Widerstände der Hülle nimmt auch die Verdampfungsrate ab, bis der dritte Trocknungsschritt beginnt.

- 3. Trocknungsschritt: In diesem Abschnitt strebt die Trocknungsgeschwindigkeit gegen null [52]. Das muss nicht gleichzeitig bedeuten, dass die Restfeuchte null wird, vielmehr ist für hygroskopische Stoffe eine Restfeuchte zu erwarten.

Exemplarisch sind einige der möglichen Zustände in Abbildung 3.1 dargestellt. Wie in Kapitel 5.1 noch gezeigt wird, enden die Eisenchloridpartikel hauptsächlich als Hohlsphären mit Loch oder als kollabierte Partikel.

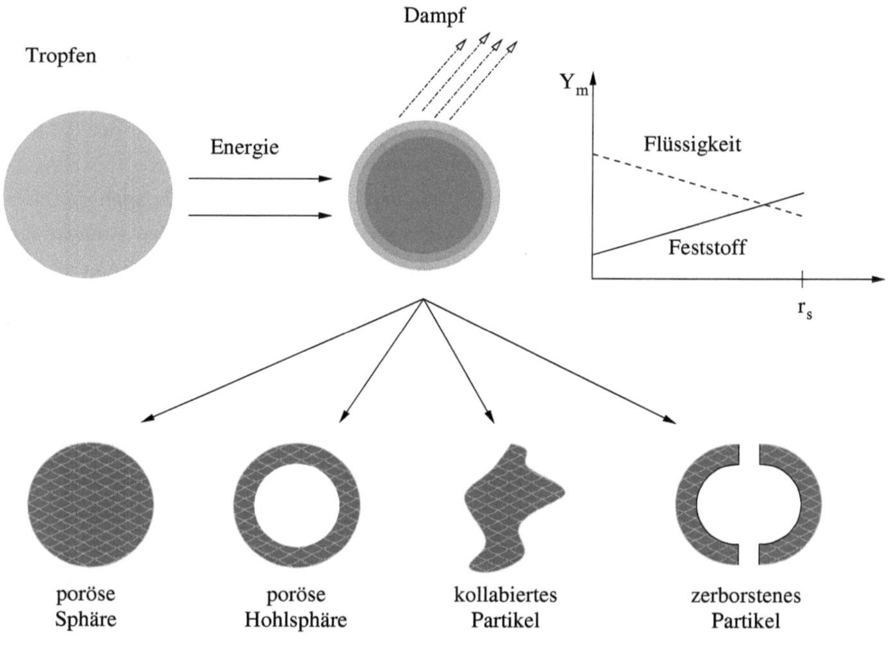

Abbildung 3.1.: Stadien getrockneter Partikel nach [62]. Für das abtrocknende Partikel ist der Verlauf der Massenbrüche Y_m von Flüssigkeit und gelöster Substanz vom Mittelpunkt bis zum Oberflächenradius r_s skizziert.

3.1.3. Konzentrationsprofile

Die Simulation von Sprühtrocknungsprozessen erfährt zunehmende Anwendung. Daher existiert eine Vielzahl von Modellen, die die vorab erwähnten Trocknungsschritte mathematisch beschreiben. Üblicherweise betrachten diese Modelle die Trocknung nur eindimensional und radialsymmetrisch. Auf Basis dieser Modelle kann der Trocknungsprozess in CFD-Simulationen abgebildet werden. Folgend werden einige Modelle zusammengefasst:

Das Modell von Sano und Keey [84] wurde entwickelt, um die Trocknung von Kondensmilch zu beschreiben. Es umfasst die ersten beiden Trocknungsschritte. Die Temperatur des Tropfens wird über den gesamten Zeitraum als konstant über den Radius angenommen. Der Stofftransport im Inneren erfolgt durch Diffusion. Das Modell erlaubt, das trocknende Partikel als Hohlkugel zu beschreiben und ein Aufblähen der Partikelschale zu berücksichtigen.
Furuta et al. [29] beschreiben ein Modell, das die Aufbereitung verschiedener Nahrungsmittel abzubilden vermag. Basierend auf einem semi-empirischen Ansatz werden die ersten beiden Trocknungsstadien beschrieben. Das Konzentrationsprofil innerhalb der Tropfen wird mittels partieller Differentialgleichungen berechnet.
Kuts et al. [54] veröffentlichten ein Modell, in dem sowohl die lokale als auch die globale Temperatur eines Tropfens analytisch bestimmt werden. Dazu wurden einfache Experimente durchgeführt, anhand derer notwendige Materialkonstanten bestimmt werden konnten. Zusätzlich wurde eine analytische Lösung der Wärmetransportgleichung sowohl für lineare als auch exponentielle Abnahme des Feuchtegehalts ermittelt.
Zwei Modelle wurden von Hecht und King [36] veröffentlicht. Das erste, vereinfachte Modell beschreibt die Trocknung von saccharosehaltigen Tropfen unter Berücksichtigung der Siedetemperatur allein durch den Wärmeübergang von der Strömung zum Tropfen. Das zweite Modell wurde für Saccharoselösungen entwickelt, die als dritte Komponente SF_6 enthalten. Auch in diesem Modell wird die radiale Temperaturverteilung als konstant angenommen. Ein radialsymmetrisches Konzentrationsprofil wird durch die Lösung des Fick'schen Gesetzes berechnet. Zusätzlich berücksichtigt dieses Modell die Bildung einer Blase im Inneren des Partikels.
Ein Modell, das einen möglichen Temperaturgeradienten innerhalb eines trocknenden Tropfens berücksichtigt, wird von Sloth et al. [91] vorgeschlagen. Mittels des Fick'schen Gesetzes wird weiterhin der Konzentrationsgradient bestimmt. Der Trocknungsvorgang wird hier nicht in zwei Phasen unterteilt. Die Bildung einer Hohlkugel wird ebenfalls nicht berücksichtigt. Das Modell wurde für wässrige Maltodextrin- und Trehaloselösungen experimentel validiert, allerdings im Temperaturbereich von $27\ - 60\,^{\circ}C$.

Ein weiteres Modell, das die Berechnung des Konzentrationsgradienten innerhalb eines Tropfens einer Lösung beschreibt, wurde von Brenn [12, 14] entwickelt. Wie die vorangegangenen Modelle erlaubt es, den Zeitpunkt, an dem die Tropfenoberfläche rein aus dem gelösten Stoff besteht, analytisch zu bestimmen. In Kapitel 6.2.1 wird anhand dieses Modells der Zeitpunkt der Bildung einer festen, undurchlässigen Schicht Eisenchlorid an der Partikeloberfläche berechnet. Daher wird es hier detaillierter vorgestellt. Es basiert auf mehreren Annahmen:

- Das Flüssigkeitsgemisch innerhalb des Tropfens wird als binär angenommen, d.h. einer der Stoffe fungiert als Lösungsmittel, der zweite Stoff bleibt während der Trocknung vollständig im Tropfen erhalten.
- Sämtliche Stoffströme werden durch Diffusion und Schrumpfung des Tropfens verursacht, es gibt keine Rezirkulation.
- Temperaturgradienten relaxieren schneller als Konzentrationsgradienten, das Problem kann somit durch alleinige Betrachtung der Diffusionsgleichung gelöst werden.
- Die Temperatur des Tropfens wird durch die Kühlgrenztemperatur des Wassers bestimmt.

Für eine Substanz m und deren Massenbruch Y_m gilt daher im Tropfen die Diffusionsgleichung in Kugelkoordinaten

$$\frac{\partial Y_m}{\partial t} = \frac{D}{r^2}\frac{\partial}{\partial r}\left(r^2\frac{\partial Y_m}{\partial r}\right) \tag{3.10}$$

Dabei wird für den Anfang des Prozesses eine homogene Konzentrationsverteilung vorausgesetzt. Brenn überführt das Problem danach in eine dimensionslose Form, indem er die Lebensdauer des Tropfens

$$t_l = \frac{d_{t=0}^2}{4\tilde{\alpha}}\left[\left(\frac{Y_{2,t=0}}{(1-Y_{2,t=0})\rho_2/\rho_1 + Y_{2,t=0}}\right)^{\frac{2}{3}} - 1\right] \tag{3.11}$$

bestimmt, in die der Anfangsdurchmesser $d_{t=0}$, die Schrumpfungsrate $\tilde{\alpha}$, die mittlere Anfangskonzentration der zweiten Substanz $Y_{2,t=0}$ sowie die Dichten der beteiligten Stoffe ρ_1 und ρ_2 eingehen. Zusammen mit den Substitutionen

$$\overline{a} = \frac{d}{d_{t=0}}\ ,\quad \tau = \frac{t}{t_l}\ ,\quad \alpha = \tilde{\alpha}\frac{4t}{d_{t=0}^2}\ ,\quad G = \frac{4t_l D}{d_{t=0}^2}\ \text{und}\ \xi = \frac{d}{d_{t=0}} \tag{3.12}$$

(D ist der Flüssigkeitsdiffusionskoeffizient von Substanz 2 in Substanz 1 wenn letztere aus dem Partikel verdampft) ergibt sich daraus die Differentialgleichung

$$\overline{a}\frac{\partial Y_i}{\partial \tau} = \alpha \frac{\xi}{2}\frac{\partial Y_i}{\partial \xi} + \frac{G}{\xi^2}\frac{\partial}{\partial \xi}\left(\xi^2 \frac{\partial Y_i}{\partial \xi}\right). \tag{3.13}$$

Als Ergebnis erhält Brenn nach umfangreicher Umformung einen Konzentrationsgradienten für die gelöste Komponente, der einem Polynom entspricht:

$$Y_{20} = a_0 + a_n \xi^n. \tag{3.14}$$

Die Koeffizienten a_0 und a_n werden durch die zu erfüllenden Randbedingungen bestimmt und sind ebenfalls bei Brenn [13] zu finden.

3.2. Stoffumwandlung in Eisenchloridpartikeln

Die stoffliche Umwandlung der Eisenchloridhülle der Partikel beginnt, sobald sich eine feste Oberfläche gebildet hat. $FeCl_2$ liegt aber im Ausgangsprodukt nicht in Reinform vor, es besitzt eine starke Tendenz zur Bildung von Hydraten, nämlich Hexa-, Tetra-, Di- und Monohydrat. Ersteres ist nur stabil nahe und unterhalb der normalen Raumtemperatur [1], daher ist diese Hydratform nicht weiter von Bedeutung. Die übrigen drei Hydratformen stellen die Zwischenprodukte des Prozesses dar.

Bei Raumtemperatur ist Eisenchloridtetrahydrat, $FeCl_2 \cdot 4H_2O$, die stabile Form des Hydrats. Bei einer Temperatur von $349K$ dissoziiert reines Tetrahydrat in einen Teil Dihydrat und Wasser gemäß der Reaktion

$$FeCl_2 \cdot 4H_2O \longleftrightarrow FeCl_2 \cdot 2H_2O + 2H_2O. \tag{3.15}$$

Danach liegen 46 Gew.-% als gesättigte Lösung vor, der Rest wird zu festem Dihydrat [57]. Dies führt dazu, dass der relativ lockere Kristallverband bei der Trocknung immer weiter verklebt wird, so dass der Gastransport behindert wird.

Geschieht die Trocknung in nicht gesättigter Lösung, so wird bei $373K$ zuerst das freie Wassser verdampfen, bis bei $379K$ das Tetrahydrat endgültig zu Dihydrat eingedampft wird. Das Dihyrat verliert ein Kristallwasser bei $433K$, das letzte Wasser wird bei $536K$ abgeschieden. Die einzelnen Stufen der Kristallwasserabscheidung und der dazwischen erfolgenden Aufheizung sind in Abbildung 3.2 in Abhängigkeit der zugeführten Energie

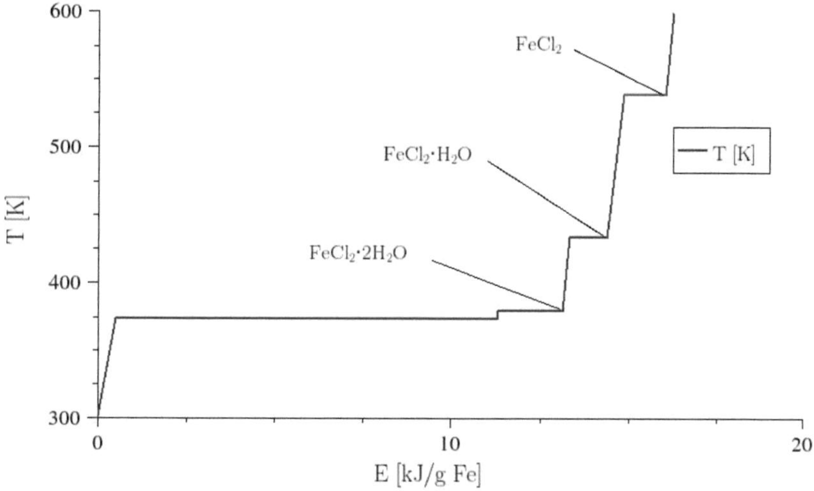

Abbildung 3.2.: Die Stufen der Kristallwasserabscheidung nach zugeführter Energie, bezogen auf die Masse enthaltenen Eisens (nach [38]).

dargestellt. Es ist ersichtlich, dass bei jedem Verlust von Kristallwasser Energie zur Verdampfung benötigt wird, bevor eine weitere Erwärmung des Partikels stattfinden kann.

Ist das letzte Kristallwasser verdampft, kann die in Gleichung 2.4 beschriebene Reaktion ablaufen. Für die Globalreaktion kann dabei die freigesetzte Wärme über die Enthalpiebilanz aus den Standardbildungsenthalpien (z.B. nach [17]) der Reinstoffe berechnet werden. Es ergibt sich (molar):

$$\underbrace{4FeCl_2}_{1367,2kJ} + \underbrace{4H_2O}_{967,2kJ} + \underbrace{O_2}_{0kJ} \rightarrow \underbrace{2Fe_2O_3}_{1651,0kJ} + \underbrace{8HCl}_{738,4kJ} - 55kJ \tag{3.16}$$

Dabei ist zu beachten, dass die Bildung des Zwischenproduktes FeO endotherm ist nach

$$\underbrace{4FeCl_2}_{1367,2kJ} + \underbrace{4H_2O}_{967,2kJ} \rightarrow \underbrace{4FeO}_{1088,2kJ} + \underbrace{8HCl}_{738,4kJ} + 508kJ, \tag{3.17}$$

so dass der gesamte Wärmegewinn aus der Reaktion

$$\underbrace{4FeO}_{1088,2kJ} + \underbrace{O_2}_{0kJ} \rightarrow \underbrace{2Fe_2O_3}_{1651,0kJ} - 563kJ \tag{3.18}$$

stammt. Die temperaturabhängigen Anteile können mittels der NASA-Polynome berechnet werden [96]. Neben der Reaktion 3.16 gibt es noch weitere mögliche Reaktionswege von Eisenchlorid, die in starkem Maß von der umgebenden Atmosphäre und den vorliegenden Temperaturen bestimmt werden. Viele davon sind für die Sprühröstung nicht von großer Relevanz, allerdings werden die Gesamtreaktionen

$$3FeCl_2 + 4H_2O \rightarrow Fe_3O_4 + 6HCl + H_2 - 63kJ \quad \text{und} \tag{3.19}$$

$$12FeCl_2 + 9O_2 \rightarrow 6Fe_2O_3 + 12Cl_2 - 851kJ \tag{3.20}$$

in industriellen Sprühröstreaktoren durchaus beobachtet [68]. Die Reaktion zu Magnetit (Fe_3O_4) ist auf Sauerstoffmangel bzw. unvollständige Reaktion zurückzuführen, die Bildung von elementarem Chlor ist bei zu trockenem Rösten, also Wasserdampfmangel, möglich. Es ist zu beachten, dass $FeCl_2$ und O_2 im Gleichgewicht niemals gleichzeitig existieren können, da eine Komponente die andere immer aufbraucht. Um die Bildung unerwünschter Produkte zu verhindern, muss daher ein Dampf- zu Sauerstoffverhältnis von vier zu eins mindestens erreicht werden. Zusätzlich muss eine für die Stöchiometrie der Teilreaktionen 3.17 und 3.18 ausreichende Eduktmenge vorhanden sein [65].

3.2.1. Chemische Eigenschaften beteiligter Verbindungen

Eisenchloridtetrahydrat

Bei Raumtemperatur liegt Eisenchloridtetrahydrat ($FeCl_2 \cdot 4H_2O$) als grasgrünes Pulver vor. Es ist in Wasser löslich bis zu einer Konzentration von $0,375 \frac{g_{FeCl_2}}{cm^3}$ [25], die Lösung ist klar und besitzt eine (konzentrationsabhängig) kräftig grüne Farbe. Die Dichte nimmt fast genau proportional zur Konzentration zu (Abbildung 3.3). Die Reinsubstanz besitzt eine Dichte von $1926 \frac{kg}{m^3}$ [27]. Die Hydrate des Eisenchlorids sind paramagnetisch [26]. Die Kristallstruktur des Tetrahydrats ist monoklin [33].

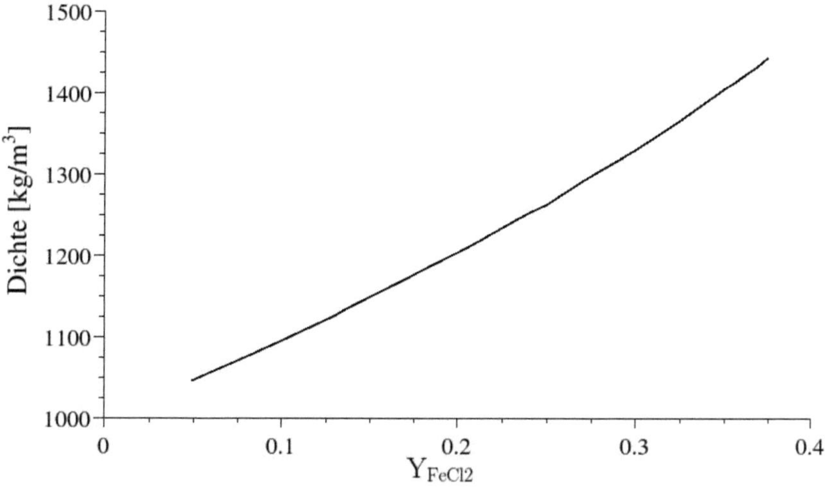

Abbildung 3.3.: Dichte von $FeCl_2$ in wässriger Lösung.

Eisenchlorid

Der Reinstoff Eisenchlorid ist dunkelgrau und undurchsichtig, die Substanz bildet eine lamellare Struktur. Die Dichte beträgt $3162\frac{kg}{m^3}$ [10], dieser Wert bildet die Grundlage der in dieser Arbeit durchgeführten Berechnungen, allerdings ist in der Literatur auch ein ca. fünf Prozent niedrigerer Wert bekannt [3]. Eisenchlorid ist schwach hygroskopisch. Wird es in reiner Luft erhitzt, so reagiert es nach der Formel

$$6FeCl_2 + \frac{3}{2}O_2 \rightarrow 4FeCl_3 + Fe_2O_3. \tag{3.21}$$

Die Bildung von $FeCl_3$, das einen äußerst niedrigen Dampfdruck besitzt, ist nicht zu vermeiden [65]. $FeCl_2$ ist paramagnetisch. Diese Eigenschaft zeigt nur geringe Abweichungen zwischen reinem Chlorid und den Hydratstufen, bezogen auf gleichen Eisengehalt. Das Gitter zeigt eine rhomboedrische Struktur, damit ist die Symmetrie des wasserfreien Salzes höher als die des Kristallhydrates.

Wüstit

Es gibt fünf reine Oxide von Eisen und Sauerstoff. Die Verbindung $\epsilon - Fe_2O_3$ ist allerdings in der Natur nicht nachgewiesen. Ein Phasendiagramm der vier übrigen Verbindungen zeigt Abbildung 3.4.

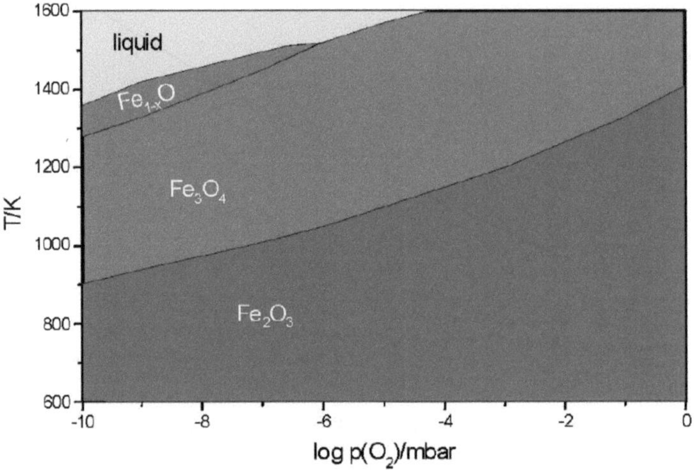

Abbildung 3.4.: Phasendiagramm von Eisen und Sauerstoff für niedrige Sauerstoffpartialdrücke [46].

Die erste betrachtete Eisenoxidstufe Wüstit (FeO) ist bei Raumtemperatur fest und von schwarzer bis tiefschwarzer Farbe. Das natürlich vorkommende $Fe_{1-x}O$ ist nichtstöchiometrisch, es gilt $x = 0.05 - 0.17$ [20]. Da FeO bei Temperaturen unterhalb von 570 $°C$ in Fe und Fe_3O_4 zerfällt - es handelt sich somit um einen metastabilen Zustand - ist die Färbung wahrscheinlich durch die so entstehende Verunreinigung dominiert. Die Dichte wird mit $5900\frac{kg}{m^3}$ angegeben [86]. Wüstit ist nicht magnetisierbar, es besitzt keinen ferromagnetischen Charakter [99]. Das Kristallgitter entspricht dem des $NaCl$, es handelt sich um ein kubisches Gitter, gebildet aus Sauerstoffanionen, mit einer Gitterkonstanten von $4,29\AA$. Die Gitterlücken sind fast alle mit Eisenkationen besetzt. Zusätzlich ist ein Teil der Tetraederlücken besetzt, diese Gitterfehler sind clusterartig angeordnet und nicht statistisch verteilt [5, 18, 51]. Eine graphische Darstellung des Wüstitgitters zeigt Abbildung 3.5.

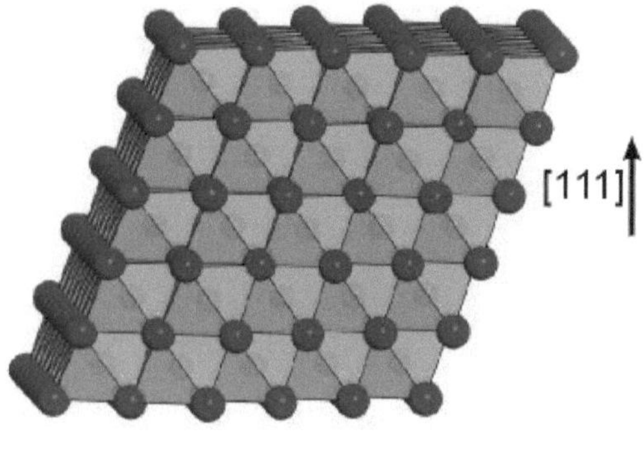

Abbildung 3.5.: Festkörperstruktur von Wüstit [44].

Magnetit

Die nächst höhere Oxidationsstufe, Magnetit oder Fe_3O_4, wird als schwarz bis blauschwarz beschrieben. Aus der Summenformel geht hervor, dass die Eisenatome sowohl zwei- als auch dreiwertig vorliegen. Die Angaben für die Dichte schwanken um einen Mittelwert von $5150\frac{kg}{m^3}$ [65]. Bei Raumtemperatur ist Magnetit ferromagnetisch, erst bei Temperaturen oberhalb des Curie-Punktes bei $570°C$ wird es paramagnetisch. Der Magnetitkristall besitzt eine inverse Spinellstruktur. Die Sauerstoffanionen bilden hier eine kubische dichteste Packung, deren Oktaederlücken zu je einem Viertel mit Fe^{2+} und Fe^{3+} besetzt sind, 1/8 der Oktaederlücken sind ebenfalls mit dreiwertigem Eisen besetzt. Auch bei Magnetit liegt eine nicht erfüllte Stöchiometrie vor, d.h. der Kristall besitzt Fehlstellen [23]. Abbildung 3.6 zeigt das Kristallgitter.

Hämatit

Die abschließende und höchste Oxidationsstufe Fe_2O_3 kann sowohl als Hämatit ($\alpha - Fe_2O_3$) oder als Maghemit ($\gamma - Fe_2O_3$) gebildet werden. Letzteres ist seltener erwünscht, da es ferrimagnetisch ist. Es bildet eine kubische Kristallstruktur.
Hämatit ist ein roter Feststoff, in dem Eisen nur in dreiwertiger Form enthalten ist. Die Literaturangaben zur Dichte schwanken zwischen 4900 und $5250\frac{kg}{m^3}$, wie in [65] beschrieben ist, für alle weiteren Berechnungen wurde ein Wert von $5240\frac{kg}{m^3}$ verwendet. Hämatit ist schwach ferromagnetisch oder antiferromagnetisch [93]. Die Kristallform entspricht der

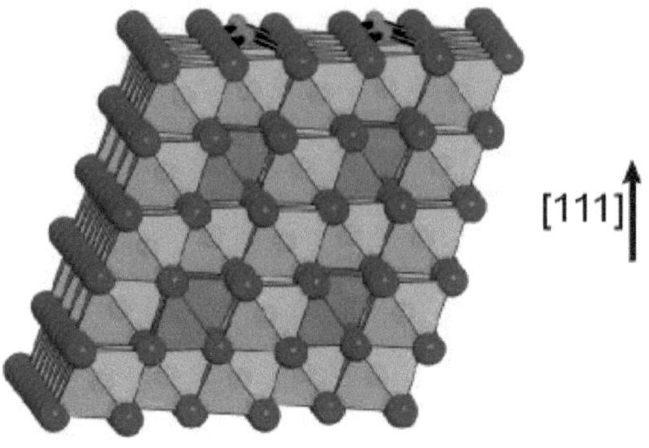

Abbildung 3.6.: Festkörperstruktur von Magnetit [44].

des Korrund, d.h. Sauerstoff ist in hexagonal dichtester Kugelpackung angeordnet, 2/3 der Oktaederlücken sind mit Eisenatomen besetzt. Da somit in benachbarten Schichten Oktaeder über ihre Flächen verknüpft sind, kommt es zu einer Verzerrung des Eisengitters. Das Gitter ist in Abbildung 3.7 gezeigt.

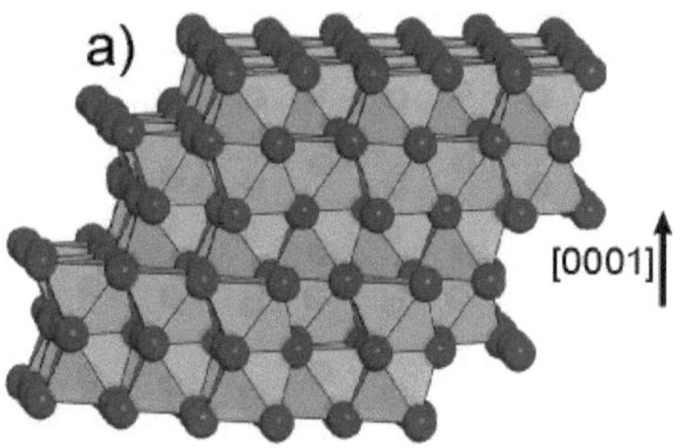

Abbildung 3.7.: Festkörperstruktur von Hämatit [44].

3.2.2. Reaktionskinetik

Die Geschwindigkeit, mit der der Umwandlungsprozess der Beizsäure (Gl. 3.16) stattfindet, ist für die Modellierung des Röstprozesses von Bedeutung. Dabei wird die Globalkinetik im vorliegenden Fall von drei Prozessen beeinflusst: der chemischen Reaktionsgeschwindigkeit, der Porendiffusion und der Grenzschichtdiffusion.

Chemische Kinetik

Der Regeneration von Beizsäure liegen die chemischen Reaktionen 3.17 und 3.18 zugrunde. Allgemein wird eine chemische Reaktion

$$\nu_A A + \nu_B B + \nu_C C \xrightarrow{k_f} \nu_D D + \nu_E E \tag{3.22}$$

mit den stöchiometrischen Koeffizienten ν_X der Substanz X und der Geschwindigkeitskonstante der Vorwärtsreaktion k_f beschrieben. Für die Substanz A mit der zeitabhängigen Konzentration c_A lässt sich daraus das Reaktionsgeschwindgkeitsgesetz

$$\frac{dc_A}{dt} = -\nu_A k_f c_A^{\nu_A} c_B^{\nu_B} c_C^{\nu_C} = \nu_A r_f \tag{3.23}$$

bestimmen, das durch die Reaktionsrate r_f beschrieben wird. Häufig wird zur Berücksichtigung der Temperturabhängigkeit die Beschreibung nach Arrhenius gewählt:

$$k_f = k_0 exp\left(\frac{-E_a}{RT}\right). \tag{3.24}$$

Handelt es sich um eine Reaktion, die auf einer Oberfläche stattfindet, so ersetzt man die gasvolumenspezifische Reaktionsrate r_f durch eine oberflächenspezifische Rate r_s. Unter Annahme einer Reaktionsordnung $n = 1$ wird der Verbrauch der Spezies A an der Oberfläche des Partikels berechnet zu

$$\dot{m}_A = -\pi d^2 \cdot \frac{\nu_A}{\nu_B}\frac{M_A}{RT} k_s p_B. \tag{3.25}$$

Nimmt man für die vorliegende Reaktion aus Gl. (3.17) $FeCl_2$ als Spezies A an, so ist B durch Wasserdampf gegeben.

Porendiffusion

Besitzt ein fester Körper eine poröse Oberfläche, so führt dies dazu, dass nicht nur an der äußeren, umhüllenden Oberfläche eine Reaktion möglich ist, sondern auch innerhalb der Poren. Dazu muss allerdings der gasförmige Reaktionspartner in die Poren eindiffundieren, man bezeichnet dies als Porendiffusion. Wenn der Stofftransport zur umhüllenden Oberfläche so groß ist, dass dort kein Konzentrationsgradient auftritt, die Diffusionsgeschwindigkeit innerhalb der Poren aber nicht ausreicht, um die Bildung eines Konzentrationsgradienten innerhalb der Poren zu vermeiden, so wird die Reaktionsrate durch die Porendiffusion kontrolliert. Der Diffusionskoeffizient wird wie folgt hergeleitet [50, 61]:

Betrachtet man ein Gas mit einer Moleküldichte n auf einer Seite einer Öffnung und Vakuum auf der anderen Seite, so ist der Fluss der Moleküle durch die Öffnung gegeben durch

$$J_K = wn\overline{C}. \tag{3.26}$$

w ist ein dimensionsloser Wahrscheinlichkeitsparameter für die Kollision zweier Moleküle, $\overline{C}$ die mittlere Gasgeschwindigkeit. Befindet sich auf beiden Seiten der Öffnung Gas, so ist der Fluss einer Spezies proportional zum Konzentrationsgefälle zwischen den beiden Regimen auf beiden Seiten:

$$J_K = w\overline{C}\left(n_2 - n_1\right). \tag{3.27}$$

Die mittlere Geschwindigkeit lässt sich aus der kinetischen Gastheorie ableiten zu

$$\overline{C} = \sqrt{\frac{8RT}{\pi M}} \tag{3.28}$$

Die Ableitung des Wahscheinlichkeitsfaktors w gestaltet sich schwieriger. Für eine lange, gerade, zylindrische Pore, deren Radius r_p sehr viel kleiner als die Länge L ist, ergibt sich $w = (2/3)r_p/L$, womit für den Fluss

$$J_K = -\frac{2r_p}{3}\sqrt{\frac{8RT}{\pi M}}\frac{dn}{dz} \tag{3.29}$$

folgt, wobei hier schon die Verallgemeinerung auf einen beliebigen Konzentrationsgradienten dn/dz erfolgt ist, sowie die Definition des Flusses von hohen zu niedrigen Konzentrationen getroffen wurden. Legt man nun fest, dass der Fluss in mol $/(m^2 s)$ definiert ist und die Gaskonzentration in mol $/m^3$ statt in molarer Konzentration anzugeben ist, so folgt

$$J_K = -\frac{2r_p}{3}\sqrt{\frac{8RT}{\pi M}}\frac{c}{dz}. \tag{3.30}$$

Diese Gleichung lässt den Schluss zu, dass die Beschreibung der Porendiffusion analog zur Grenzschichtdiffusion (folgt in Kapitel 3.2.2) möglich ist. Durch Einführung des Knudsen-Diffusionskoeffizienten

$$D_K = \frac{2r_p}{3}\sqrt{\frac{8RT}{\pi M}} \tag{3.31}$$

erhält man eine entsprechende Beschreibung für eine lange, zylindrische Pore. Für eine davon abweichende Geometrie wird der sog. Knudsenfaktor K_0 definiert, mit dem der Knudsendiffusionskoeffizient zu $D_K = \frac{4}{3}K_0\overline{C}$ wird. Da poröse Medien (pm) oft eine komplexe Geometrie aufweisen, wird der Ansatz für das gesamte Medium häufig durch Wahl eines geeigneten Modells modifiziert. Der Knudsendiffusionskoeffizient verglichen mit dem einer einzelnen Pore (sp) wird in diesem Fall oft in der Form

$$D_{K,pm} = \frac{\epsilon}{\tau}D_{K,sp} \tag{3.32}$$

dargestellt [94], wobei die Porosität ϵ und die Tortuosität τ häufig auch in den Knudsenfaktor integriert werden.

Grenzschichtdiffusion

Unterliegt die Oberfläche eines Festkörpers einer chemischen Reaktion, so entsteht ein Konzentrationsgradient, da das Edukt an der Oberfläche verbraucht wird und dadurch sein Partialdruck sinkt. Nach dem ersten Fick'schen Gesetz ergibt sich damit ein Massenstrom zur Partikeloberfläche, der für sphärische Partikel bestimmt wird zu [2]

$$\dot{m} = -\pi d^2 M_A \frac{\beta}{RT}\left(p_\infty - p_S\right). \tag{3.33}$$

Der Stofftransportkoeffizient β ist dabei mittels der Sherwoodzahl aus Gl. 3.4 zu bestimmen, woraus sich für sehr kleine Partikel und damit ebenfalls kleine Reynoldszahlen

$$\dot{m} = -2\pi d M_A \frac{D}{RT}\left(p_\infty - p_S\right) \tag{3.34}$$

für den Stofftransport zur Oberfläche ergibt. Der Diffusionskoeffizient D ist als Maß für die Beweglichkeit der Teilchen von entscheidender Bedeutung. Die Bestimmung von Diffusionskoeffizienten ist nach [74] durch Lösen der Boltzmanngleichung möglich, das Ergebnis wurde unabhängig von Chapman und Enskog gefunden [21]. Als technisch häufig genutzte Vereinfachung hat sich der Ausdruck

$$D_{AB} = \frac{0,00266T^{1,5}}{pM_{AB}^{0,5}\sigma_{AB}^2\Omega_D} \tag{3.35}$$

für die Diffusion einer Spezies A in der Spezies B etabliert [74]. Neben der Temperaturabhängigkeit gehen darin der Gesamtdruck p, die mittlere Molmasse $M_{AB} = 2[(1/M_A) + (1/M_B)]^{-1}$, die charakteristische Länge σ_{AB} und das ebenfalls temperaturabhängige Kollisionsintegral der Diffusion, Ω_D, ein. Die Koeffizienten zur Berechnung der beiden letztgenannten Größen sind bei Reid [74] tabelliert.

3.2.3. Kombination mehrerer Reaktionsraten

Wie in den vorangegangenen Unterkapiteln beschrieben wurde, wird die Reaktion im Falle des Sprühröstens von Eisenchloridpartikeln durch drei Prozesse beeinflusst. Aus den Geschwindigkeitskonstanten der drei Einzelprozesse läßt sich eine effektive Reaktionsgeschwindigkeitskonstante bestimmen, indem der Kehrwert der Summe der reziproken Geschwindigkeitskonstanten, analog zur Parallelschaltung von elektrischen Widerständen, gebildet wird:

$$k_{eff} = \left(\frac{1}{k_{kin}} + \frac{1}{k_{por}} + \frac{1}{k_{diff}}\right)^{-1}. \tag{3.36}$$

Daraus lässt sich die Massenänderung bedingt durch die Reaktion bestimmen zu

$$\dot{m}_A = -A_s k_{eff} p_{B,\infty}. \tag{3.37}$$

Die Reaktionsgeschwindigkeitskonstante der chemischen Reaktion wird berechnet zu

$$k_{kin} = \frac{\pi d_p^2}{A_s} k_s, \tag{3.38}$$

da für die chemische Reaktion die gesamte Oberfläche, bestehend aus der äußeren Oberfläche $A = \pi d^2$ und der inneren Oberfläche A_i zur Verfügung steht. Im Falle der Porendiffusion muss ein effektiver Diffusionskoeffizient nach der Bosanquet-Relation

$$\frac{1}{D_e} = \frac{\epsilon}{\tau}\left(\frac{1}{D_{Kn}} + \frac{1}{D_{AB}}\right) \tag{3.39}$$

bestimmt werden, da innerhalb der Poren sowohl die molekulare Diffusion (D_{AB}) als auch die Knudsendiffusion zur Reduktion des Stofftransportes beitragen [39, 79]. Die Geschwindigkeitskonstante der Porendiffusion berechnet sich damit zu

$$k_{por} = \frac{2d_p D_e}{d_i(d_p - d_i)} \frac{M_A}{RT}, \tag{3.40}$$

wobei hier schon die Bildung einer Hohlkugel mit der Wanddicke $d_p - d_i$ berücksichtigt wird. Für die Grenzschichtdiffusion bestimmt man

$$k_{diff} = \frac{2\pi d_p M_A D_{AB}}{A_s RT} = \frac{2M_A D}{d_p RT}. \tag{3.41}$$

4. Versuche und Analysen

4.1. Versuchsstand

Die in der Literatur über die Regenerierung von salzsäurehaltigen Beizlösungen und die dabei gebildeten Feststoffe durchgeführten Untersuchungen beziehen sich fast gänzlich auf Reaktoren in industriellem Design und Maßstab. Da aus den turbulenten zirkulierenden Strömungen der Großanlagen keine verlässlichen Aussagen über einzelne Partikelflugbahnen und den damit verbundenen Einflüsse wie Aufenthaltsdauer, Temperaturverlauf und Gaszusammensetzung während des Röstprozesses bestimmt werden können, wurde ein Fallrohrreaktor im Labormaßstab ausgelegt, um die Partikelflugbahn auf eine eindimensionale Bewegung zu reduzieren. Dabei wurde die Anlage konzipiert, um die in industriellen Anlagen herrschenden Bedingungen (Temperatur und Gaszusammensetzung) nachzubilden. Zur Erzeugung monodisperser Tropfen wurde ein Einzeltropfengenerator genutzt, der speziell für die Untersuchung der Eisenchloridumwandlung entworfen wurde [6].

4.1.1. Brennkammer

Die Brennkammer des genutzten Versuchsstandes wurde ausgelegt, um einerseits eine Rauchgasmenge von $\sim 70\ l_n/min$ bei einer Temperatur von ca. 900-1100 K zu erzeugen, andererseits aber auch Wassergehalte des heißen Rauchgases von bis 30 mol-% zu ermöglichen. Eine Skizze der Versuchsanlage ist in Abbildung 4.1 zu sehen. Das Gehäuse der Brennkammer wird von einem waagerechten Rohr und einem T-Stück ($d_i = 200\,mm$) gebildet. Beide Teile sind an den Enden und Verbindungen mit Flanschen (DN 200, PN 10) versehen. Das waagerechte Rohrstück ist an dem dem T-Stück gegenüberliegenden Flansch mit einem Brennerkopf ausgestattet. An den Brennerkopf ist zentral ein Luftvorwärmer angebracht, mit dem sich die zur Verbrennung zugeführte Luft auf bis zu 400 $°C$ vorwärmen lässt. Axial vor dem Eintritt der Luft ist ein nach dem Injektorprinzip ausgelegter

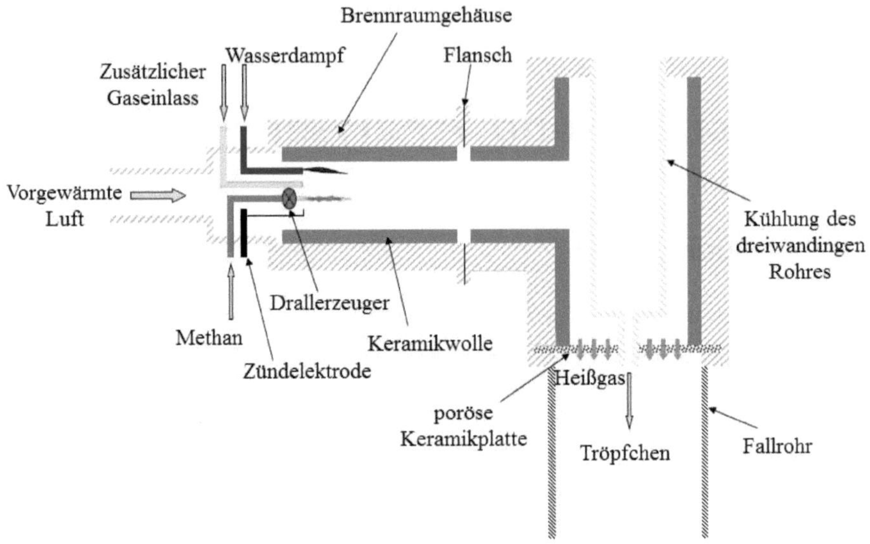

Abbildung 4.1.: Skizze der genutzten Brennkammer.

Gasbrenner plaziert, in dem die Verbrennung des zugeführten Methans teilvorgemischt erfolgt. Der Anteil der Luft, der nicht in das Brennerrohr gelangt, wird daran vorbei durch einen Drallkörper geführt. Dieser stabilisiert einerseits die teilvorgemischte Flamme, andererseits sorgt der Drall aber auch für eine bessere Vermischung der Verbrennungsprodukte mit dem je nach Bedarf zusätzlich eingebrachten Wasserdampf und reinem Sauerstoff. Für die beiden letzteren Komponenten sind seitlich neben und unter dem Brenner Einlässe angebracht.

Die konstante Versorgung des Brenners mit allen gasförmigen Bestandteilen wird durch Massendurchflussregler der Firma Bronkhorst[1] gewährleistet, deren Konfiguration der von Hackert [34] beschriebenen entspricht. Zur zusätzlichen Kontrolle der Volumenströme sind den Massendurchflussreglern Manometer und Rotameter[2] vorgeschaltet. Der zur

[1]Bronkhorst AG, Ruurlo, Niederlande
[2]A. Kirchner & Tochter GmbH, Duisburg

Anreicherung der Reaktionsatmosphäre notwendige Wasserdampf wird durch einen externen Muffelofen mit innenliegendem Stahlrohr sichergestellt. Mit einer Dosierpumpe vom Typ Alldos Eichler DDi 209[3] wird Wasser (max.: 1 kg/h) durch eine Simplexdüse in das Edelstahlrohr eingedüst, um dort zu verdampfen. Die Ofentemperatur betrug bei allen Versuchen 250 $°C$. Eine genaue Beschreibung der Kombination aus Ofen und Pumpe ist in [82] zu finden. Der Ofen ist mit der Brennkammer durch einen Heizschlauch der Fa. Horst[4], Typ H13, verbunden, dessen Temperatur während aller Versuche bei konstant 150 $°C$ gehalten wurde.

Die Wände der Brennkammer (Rohr und T-Stück) sind gegen Wärmeverluste von innen doppelt mit Keramikfasermatten in 2,5 cm Dicke ausgeschlagen. Außen um die Rohrstücke sind zwei Heizbänder, ebenfalls von der Fa. Horst, mit einer Heizleistung von je 3 kW und einer Maximaltemperatur von 950 $°C$ gewickelt, weitere zwei Lagen der 2,5 cm dicken Keramikfasermatten bilden die abschließende Isolierung nach außen.

Die Halterung des Tröpfchengenerators ist von oben in das T-Stück eingesetzt. Da das Rohr auf ca. 40 cm Länge durch die Brennkammer führt, der Tröpfchengenerator aber maximal gegen Erwärmung geschützt werden muss, wurde das Rohr dreiwandig ausgelegt, um eine Wasserkühlung zu ermöglichen. Zur weiteren Isolierung wurde das Rohr auf der Außenseite mit vier Lagen Keramikpapier umwickelt, als Schutz gegen einen Abtrag des Papiers durch die senkrecht auftreffende Gasströmung wurde darüber noch ein Stahlrohr mit $2\,mm$ Wandstärke und $76\,mm$ Innendurchmesser gesteckt. Die Halterung des Tröpfchengenerators endet in einer Verjüngung mit 12 mm Außendurchmesser auf Höhe des unteren an das T-Stück angebrachten Flansches, sie mündet in das Fallrohr.

Das Fallrohr dient zur Führung des Heißgases. Gleichzeitig soll eine visuelle Kontrolle der aus dem Tröpfchengenerator austretenden Partikel gewährleistet sein. Bei nicht senkrechtem Austreten des Strahls aus der Lochblende des Generators kommt es zu starken Anlagerungen an die Rohrwand, die wiederum die Strömung beeinflussen und durch eventuell herabfallende Stücke die Probennahme durch Verunreinigungen erschweren.

Aufgrund seiner optischen und thermischen Eigenschaften wurde Quarzglas als Wandung für das Fallrohr gewählt. Dieses Material ist zur Konstruktion von Fallrohrreaktoren mit optischem Zugang bekannt, da sowohl seine Transmissionseigenschaften als auch die Akzeptanz großer Temperaturschwankungen zu einer guten Eignung für diesen

[3] Alldos International AG, Reinach, Schweiz
[4] Horst GmbH, Lorsch

Einsatzbereich führen [11], [88]. Die Länge des genutzten Fallrohres wurde während der Versuche zwischen 1 m und 1,5 m variiert, um unterschiedliche Verweilzeiten der Partikel zu erzielen (Tabelle 4.1). Beim Einsatz des längeren Fallrohres wurde dieses gegen Wärmeverluste mit einer 1,25 cm dicken Keramikfasermatte umwickelt, wobei ein schmaler Spalt freigelassen wurde, um weiterhin in das Reaktionsrohr blicken zu können.

Versuchsbedingungen

Die vorliegende Literatur zur Pyrohydrolyse von Eisenchloridlösungen beschreibt $300 - 700°C$ als relevanten Temperaturbereich zum Sprührösten von Eisenchlorid [48, 68, 101]. Diese Temperatur ist vor allem für die Zonen, in denen die Partikel die Trocknungs- und Abröstphase durchlaufen, maßgeblich. Weiterhin beträgt die Wasserdampfkonzentration bis zu 40 Volumenprozent. Diese ist im Bereich um die Düsenstöcke maximal. Da die Partikel dort bedingt durch den hohen Wassergehalt und die niedrige Temperatur noch nicht die chemische Reaktion durchlaufen, wurde der Wasserdampfgehalt der Versuchsatmosphären zwischen 15 und 30 Volumenprozent gewählt. Weil weiterhin das molare Verhältnis von H_2O zu O_2 nicht geringer als 4:1 sein sollte ([68]), wurden sowohl Versuche ober- als auch unterhalb dieses kritischen Wertes durchgeführt. Eine Übersicht über die durchgeführten Experimente gibt Tabelle 4.1. Aus den Gasvolumenströmen und Temperaturen ergibt sich eine Leerrohrgeschwindigkeit von ca. $1\,m/s$, womit die Aufenthaltsdauer der Partikel im längeren Fallrohr ungefähr $1,5\,s$ beträgt.

Die im Labor erzeugten Proben wurden mittels einer Eisenchloridlösung erstellt, die jeweils 30 Massenprozent Eisenchlorid enthielt. Dazu wurde Eisenchloridtetrahydrat[5] in entmineralisiertem Wasser aufgelöst. Die Lösung wurde in das Vorhaltegefäß des Tröpfchengenerators gefüllt und von dort mit 1,2 bar Überdruck (Druckluftversorgung) durch die Lochblende (35/50 μm) gefördert. Die Partikel wurden unterhalb des Fallrohrs aufgefangen. dabei wurde ein schnelles Erreichen von Raumtemperatur gewährleistet.

4.1.2. Einzeltropfengenerator

Der von Beck [7] entwickelte Generator zur Erzeugung monodisperser Einzeltropfen wurde für die durchgeführten Messungen modifizert.

[5]Merck KGaA, Darmstadt, Reinheit > 99 %, Cas-Nr. 13478-10-9

Tabelle 4.1.: Gasvolumenstrom, Zusammensetzung in mol-% und Temperatur am Fallrohranfang. Das Verhältnis zwischen Wasserdampf und Sauerstoffgehalt und die Länge des Fallrohres sind zusätzlich angegeben. *Probe 7: Blendendurchmesser 35 μm.

Probe #	$\dot{V}[l_n/min]$	N_2	CO_2	O_2	H_2O	H_2O/O_2	T [K]	$l_{FR}[m]$
1	78,0	73,0	7,7	4,0	15,4	3,85	883	
2	63,0	65,0	9,5	6,0	19,0	3,20	893	1,0
3	63,0	58,9	9,5	12,5	19,0	1,52	910	
4	73,3	50,6	8,2	5,3	30,4	5,72	933	
5	78,0	73,0	7,7	4,0	15,4	3,85	938	
6	73,3	50,6	8,2	5,3	30,4	5,72	928	1,5
7*	73,3	50,6	8,2	5,3	30,4	5,72	920	

Der Generator basiert auf dem Prinzip der periodischen Anregung eines Flüssigkeitstrahls, der aus einer Kapillare austritt. Durch eine sinusförmige Stimulation in axialer Richtung des Strahls wird dieser instabil und zerfällt wenige Strahlradien nach Austritt aus der Kapillare, wenn die Wellenlänge λ der externen Anregung größer ist als der Umfang des Flüssigkeitsstrahls. Dies wurde unter anderem von Rayleigh gezeigt [71]. Weiterhin wurde von Rayleigh nachgewiesen, dass für die optimale Anregungswellenlänge die Beziehung

$$\lambda = 4.51 \cdot d_s \tag{4.1}$$

gilt [72]. Von Schneider wurde gezeigt, dass innerhalb einer Bandbreite von Anregungswellenlängen

$$3,5 \cdot d_s < \lambda < 7 \cdot d_s \tag{4.2}$$

die monodispersen Eigenschaften des Tröpfchenstrahls erhalten bleiben [87].

Für die vorliegenden Experimente wurden Anregungsfrequenzen von 13,5 kHz (50 μm) respektive 9 kHz (35 μm) genutzt. Mittels Phasendoppleranemometrie (PDA, [6]) wurden die Tropfengrößen für beide Blenden zu $89,4 \pm 4,5\,\mu m$ sowie $66,3 \pm 4,8\,\mu m$ bestimmt.

Eine Skizze des Tröpfchengenerators ist in Abbildung 4.2 zu sehen. An einem zentralen Bauteil ist der ringförmige Piezokristall angebracht, der durch Anregung mit Wechselspannung[6] in Schwingungen versetzt werden kann. Die Eisenchloridlösung gelangt durch einen Zulauf in den Generator. Eine Spülöffnung kann optional genutzt werden, um bei einer Verstopfung der Lochblende die Verschmutzung durch vorbeiströmendes Fluid zu ent-

[6]HF-Generator Modell 33120 A, Hewlett-Packard, Palo Alto, USA

fernen. Durch einen schmalen Kanal gelangt der Flüssigkeitsstrom zur Lochblende. Als Blenden werden Präzisionslochblenden[7] mit Durchmessern von 35–50μm eingesetzt. Diese werden mit einer Überwurfmutter gegen das Oberteil des Tröpfchengenerators gepresst. Dazwischen befindet sich eine Teflondichtung, die durch eine Zentrierkappe in Position gehalten wird. Das Abdichten der Ränder der Lochblende erfolgt rein mechanisch.

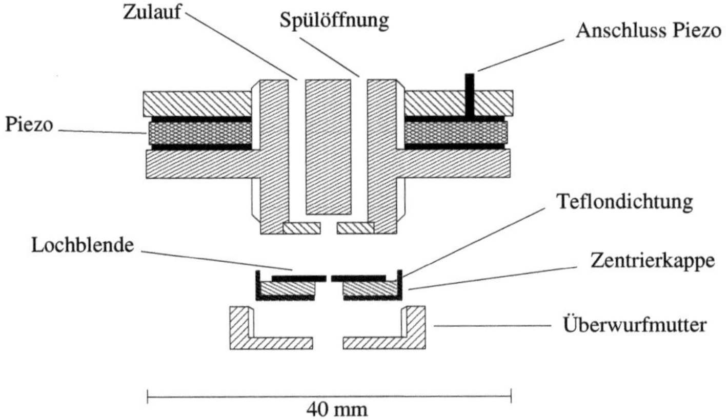

Abbildung 4.2.: Skizze des Tröpfchengenerators

4.2. Analyse der Partikeleigenschaften

Aufgrund der bislang geringen Datenbasis bezüglich der Eigenschaften von Partikeln aus Sprühröstprozessen wurde Wert auf eine weitreichende Charakterisierung der erzeugten Proben gelegt. Dabei wurden folgende Analysemethoden genutzt, um einzeln oder durch Kombination wichtige Eigenschaften der Partikel hervorheben zu können:

- Stickstoff-Physisorption: Durch De- und Adsorption von gasförmigem Stickstoff an der Oberfläche der Partikel kann sowohl die spezifische Oberfläche als auch die Porengrößenverteilung auf der Partikeloberfläche bestimmt werden.
- Rasterelektronenmikroskopie: Zu den Möglichkeiten der Rasterelektronenmikroskopie gehört es, Oberflächendetails bis hinab zu einer Größe von wenigen Nanometern

[7] Edmund Optics GmbH, Karlsruhe

elektrografisch sichtbar zu machen. Weiterhin kann mit einem hochenergetischen Elektronenstrahl durch energiedispersive Röntgenspektroskopie die elementare Zusammensetzung einer Probe quantifiziert werden.

- Röntgendiffraktometrie: Das charakteristische Beugungsspektrum von Röntgenstrahlen an einer kristallinen Probe gibt Aufschluss über die in der Probe enthaltenen Mineralphasen. Anhand dieser Methode soll Aufschluss über den Röstvorgang und die dabei entstandenen Produkte gewonnen werden.

4.2.1. Physisorptionsmessungen

Die Bestimmung der spezifischen Partikeloberfläche wie auch der Porenradienverteilung einer granularen Probe kann mittels Messung des Sorptionsverhaltens eines Gases an der Probenoberfläche realisiert werden. Dazu wird die Gasadsorptionsisotherme [56] gemessen. Dies geschieht in einem Druckbereich von $0,05 < p/p_0 < 0,25$, also unterhalb des Sättigungsdampfdrucks p_0 des Adsorbats. Nach der *BET*-Methode (Brunauer, Emmett und Teller [15]) ergibt sich die Beziehung

$$\frac{p}{v(p_0 - p)} = \frac{1}{v_m c} + \frac{c-1}{v_m c}\frac{p}{p_0}. \tag{4.3}$$

Trägt man die linke Seite von Gleichung 4.3 gegen p/p_0 auf, so erhält man eine Gerade, aus deren Ordinatenabschnitt und Steigung sich die Parameter v_m und c bestimmen lassen. Ersterer stellt das Gasvolumen dar, das zur Belegung der Feststoffoberfläche mit einer Schicht einmolekularer Dicke notwendig ist. Da ebenfalls die Beziehung $v_m = A * v_0$ gilt, ist über das Gasvolumen v_0, das pro Quadratzentimeter Adsorberfläche adsorbiert wird und für ein bestimmtes Gas konstant ist, die Bestimmung der Probenoberfläche A aus der Geradengleichung möglich. Die Konstante c ist von den Eigenschaften des verwendeten Gases abhängig. Die praktische Durchführung der Adsorptionsmessung wurde u.a. von Johne und Severin beschrieben [42].

Die Desorption von Stickstoff von der Partikeloberfläche kann genutzt werden, um die Porengrößenverteilung eines porösen Festkörpers zu bestimmen. Die sogenannte *BJH*-Methode geht dabei von zylindrischen Poren aus [4]. In diesen ist für die Sorption von Stickstoff neben der Physisorption an der Oberfläche ebenfalls der Kapillareffekt verantwortlich. Unter der Annahme, dass der erste Effekt zu einer gleichmäßigen Benetzung der Poreninnenwand führt, und der zweite zu einer Auffüllung des Hohlraumes in der

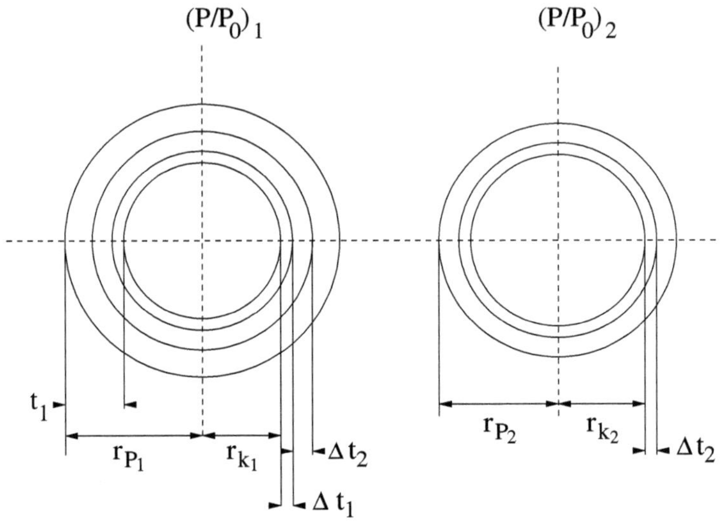

Abbildung 4.3.: Schematische Darstellung der Desorption aus zwei verschieden großen Poren, in der die Verringerung der Schichtdicke des Adsorbats dargestellt ist.

Pore, kann der Volumenanteil von Poren in einem Porenradieninterval bestimmt werden. In einem System von zylindrischen Poren verschiedener Durchmesser ist anzunehmen, dass alle Poren gleichen Durchmessers auf relative Druckänderungen gleich reagieren. Bei einem relativen Druck $(p/p_0)_1$, der nur unwesentlich von eins abweicht, sind alle Poren mit Adsorbat gefüllt. Die größte Pore mit Radius r_{P_1} ist dabei mit einer Adsorbatschicht der Dicke t_1 gefüllt, vgl. Abbildung 4.3. Senkt man nun den Druck auf ein Verhältnis $(p/p_0)_2$, wird nicht nur das Kondensat aus der Kapillare mit Radius r_{k_1}[8] entfernt, sondern auch eine Schicht der Dicke Δt_1 desorbiert, insgesamt also ein (zu messendes) Volumen ΔV_1. Damit steht das Volumen der Pore mit dem Volumen der Kapillare im Verhältnis

$$V_{P_1} = R_1 \Delta V_1, \tag{4.4}$$

wobei gilt $R_1 = r_{P_1}^2/(r_{k_1} + \Delta t_1)^2$ und das entwichene Gasvolumen mit V_1 bezeichnet wird.

[8]Der Radius, bis zu dem bei gegebenem Druckverhältnis eine Kapillare mit Flüssigkeit gefüllt ist, wird mit der klassischen Kelvin-Gleichung berechnet.

Senkt man den Druck weiter auf ein Verhältnis $(p/p_0)_3$, so wird wiederum ein messbares Gasvolumen von der Oberfläche, aber auch aus der nächst kleineren Pore entfernt. Dadurch wird allerdings nicht nur der selbe Schritt wie in Gleichung 4.4 durchlaufen, sondern auch aus Pore eins wiederum eine dünne Schicht adsorbierten Materials entfernt, somit gilt für das entfernte Volumen:

$$V_{P_2} = R_2(\Delta V_2 - V_{\Delta t_2}). \tag{4.5}$$

Bei eingehender Betrachtung von Abbildung 4.3 findet man unter der Annahme, dass die Pore eins eine Tiefe L_1 besitzt, dass gilt

$$V_{\Delta t_2} = \pi L_1(r_{k_1} + \Delta t_1 + \Delta t_2)^2 - \pi L_1(r_{k_1} + \Delta t_1)^2. \tag{4.6}$$

Diese Gleichung lässt bereits grundsätzlich die Berechnung des Porendurchmessers zu, ist allerdings ineffektiv, wenn der Anteil von Poren vieler verschiedener Radien gemessen werden soll. Daher werden mehrere, hier nicht in voller Länge gezeigte Zwischenschritte durchgeführt (vgl. [4]), die letztlich zur folgenden Gleichung führen:

$$V_{P_n} = R_n \Delta V_n - R_n c \Delta t \sum_{j=1}^{n-1} A_{P_j}. \tag{4.7}$$

R_n ist, wie vorab gezeigt wurde, eine Funktion des Porenradius r_{P_n}, ebenso wie die zweite Hälfte der rechten Seite von Gleichung 4.7. Dieser Anteil ist für Poren größer als $4\,nm$ geringer als 50 % des ersten Summanden in der Gleichung.

Die Messungen, die in dieser Arbeit präsentiert werden, wurden in einem leicht modifizierten Autosorb 1C Aufbau der Firma Quantachrome durchgeführt. Eine typische Annahme für die Messunsicherheit der spezifischen Oberfläche liegt bei $\pm 1\,\frac{m^2}{g}$.

4.2.2. Raster-Elektronenmikroskopie

Raster-Elektronenmikroskopie (REM) ermöglicht die bildliche Darstellung der Oberfläche mikroskopischer Partikel. Dabei ist die maximale Auflösung auf weniger als 1 nm beschränkt [37]. Somit ist die Methode geeignet, die in den Laborversuchen extrahierten Partikel abbildend zu untersuchen, wobei Strukturmerkmale und Größe der Partikel sowie Details der Oberfläche von Interesse sind.

Die Untersuchung wurde im zentralen REM der Ruhr-Universität Bochum durchgeführt.

Für die in Kapitel 5.1 gezeigten Ergebnisse wurden von jeder Probe einige Partikel auf einen Kohlenstoffträger aufgebracht und zur Sicherung der Leitfähigkeit der Probenoberfläche mit Gold besputtert. Die Daten des verwendeten Raster-Elektronenmikroskops Zeiss/LEO[9] 1530 Gemini sind in Tabelle 4.2 aufgeführt.

Name Detektoren Analysemethoden	SEM Leo 1530 Gemini Inlens, konventionelle SE, BSE SEM, HRSEM
Beschleunigungsspannung max. Auflösung	0,2-30 kV 1 nm bei 20 kV 2,5 nm bei 1 kV 5 nm bei 0,2 kV

Tabelle 4.2.: Übersicht über die Eigenschaften des verwendeten Raster-Elektronenmikroskops

EdX-Messungen

Die energiedispersive Röntgenanalyse (EdX) ist eine übliche Methode, um die atomare Zusammensetzung einer Probe punktuell quantitativ zu bestimmen [75]. Dabei wird ein fokussierter Elektronenstrahl auf einen Punkt der Probenoberfläche gerichtet. Die Energie des Elektronenstrahls muss groß genug sein, um durch Elektronenstoßionisation niedrige Energieniveaus teilweise zu entleeren, damit Elektronen aus höheren Schalen diese wieder auffüllen und beim Schalenübergang (üblicherweise auf die K_α-, K_β- oder L-Schale) für jedes Element charakteristische Röntgenstrahlung emittieren können. Diese liegt in den meisten Fällen in der Größenordnung einiger keV. Die so emittierten Photonen sind zum einen in ihrer Energie oder Wellenlänge[10] einem Element eindeutig zuzuordnen, andererseits ist die relative Signalintensität auch ein Maß für die Konzentration des Elements in der Probe [32].

Der Elektronenstrahl verursacht die Emission von Röntgenstrahlung aus einem endlichen Volumen. Die Tiefe, bis zu der die Emission von Photonen stimuliert wird, lässt sich allgemein als

$$\rho R(x) = K(E_0^n - E_c^n) \tag{4.8}$$

[9] Carl Zeiss SMT AG, Oberkochen, Deutschland

[10] Für Photonen gilt die Beziehung $E_{Ph} = h\nu$.

beschreiben [32], wobei ρ die Dichte des Materials, $R(x)$ die Eindringtiefe des Elektronenstrahls , K eine teilweise elementspezifische Konstante, E_0 die ursprüngliche Energie des Elektronenstrahls und E_c die notwendige Mindestenergie zur Anregung der charakteristischen Strahlung eines Elements darstellt. Der Koeffizient n variiert üblicherweise zwischen 1 und 2. Ebenso, wie sich keine feste Tiefe der emittierten Strahlung bestimmen lässt, ist auch orthogonal zum einfallenden Elektronenstrahl in der Probe eine gewisse Ausdehnung des emittierenden Volumens zu berücksichtigen. Bei Interpretation der in Kapitel 5.2 präsentierten Ergebnisse muss diese örtlich begrenzte Sensitivtät beachtet werden.

Die Untersuchungen wurden im gleichen Versuchsaufbau wie die REM-Messungen durchgeführt, sie erfolgten ebenfalls am zentralen REM der Ruhr-Universität Bochum. Bei dem verwendeten EdX-Spektrometer handelt es sich um einen Oxford INCA EdX-Analyser.

4.2.3. Röntgendiffraktometrie

Die qualitative und quantitative Unterscheidung verschiedener Eisenminerale mittels Röntgendiffraktometrie (XRD) ist bekannt. Die Methode wurde sowohl an Erzen [31] als auch Parikeln aus Sprühröstreaktoren [24, 101] erprobt.

Bei kristallinen Materialien handelt es sich um dreidimensionale Strukturen von Atomen oder Molekülen, die in den drei Raumrichtungen periodisch angeordnet sind. Diese periodische Struktur wird Kristallgitter genannt. Sie wird aus drei oder mehr Netzebenen gebildet. Parallele Ebenen des gleichen Typs besitzen einen konstanten Abstand d zueinander, wobei dieser für unterschiedliche Ebenenscharen abweichend ist. Wie die Bragg'sche Reflexionsbedingung für Röntgenstrahlen am Kristallgitter genutzt werden kann, um den Abstand der Netzebenen zu bestimmen, der als Identifikationsmerkmal eines Minerals dient, zeigt Abbildung 4.4. Zwei monochromatische, phasengleiche und parallel einfallende Röntgenphotonen[11] treffen auf zwei ebenfalls parallele Netzebenen eines Kristalls und werden daran gestreut. Für den Gangunterschied der beiden Strahlen nach der Streuung gilt dann für konstruktive Interferenz:

$$n\,\lambda = 2\,d\,sin\,\theta. \tag{4.9}$$

[11] Aufgrund der Abstände der Streuzentren von wenigen Å muss die Strahlung hochenergetisch im Bereich mehrerer keV sein.

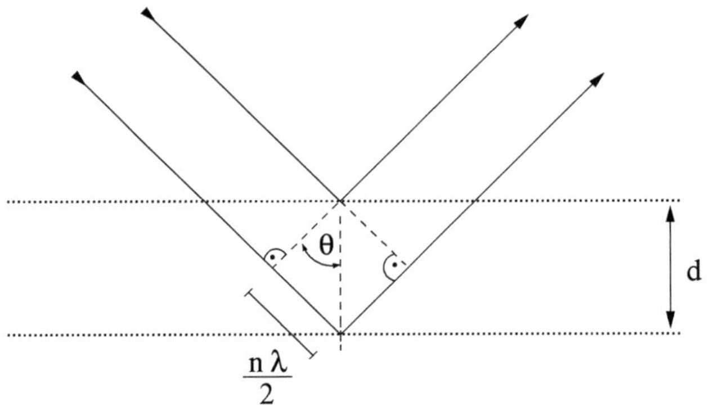

Abbildung 4.4.: Bedingung für positive Interferenz nach Bragg.

Die Gleichung hat Gültigkeit für jeden Gangunterschied, der ein ganzzahliges Vielfaches n der Wellenlänge λ beträgt. Typischerweise werden die Winkel θ gemessen, da die Röntgenquellen in modernen Diffraktometern Strahlung einer konstanten Wellenlänge λ aussenden. Ein Mineral hat in der Regel mehrere Reflexe, d.h. Winkel, bei denen Röntgenstrahlung reflektiert wird. Durch verschiedene Effekte kann das Verhältnis der Intensität der Reflexe zueinander verändert werden [53]. Somit wird auch eine quantitative Analyse einer Mineralphasenzusammensetzung erschwert, dies wird in Kapitel 5.2 diskutiert.

Die Messungen wurden mit einem PANalytical X'Pert PRO Röntgendiffraktometer durchgeführt, das mit Cu-K_α-Strahlung arbeitet.

5. Versuchsergebnisse

5.1. Beschaffenheit der Partikeloberfläche

Um einen Eindruck von der Form und der Oberflächenbeschaffenheit der gebildeten Partikel zu bekommen, wurden alle Proben im REM untersucht. Exemplarische Partikel sind in den Abbildungen 5.1 und 5.2 dargestellt. Die Untersuchungen haben gezeigt, dass ein Teil der Partikel (ca. 40 %) als Hohlkugel vorliegt (Abb. 5.1 unten), deren Innenraum durch ein größeres Loch, dessen Durchmesser ca. 15-30 % des Kugeldurchmessers beträgt, zugänglich ist. Ein weiterer Anteil liegt als Fragment einer solchen Hohlkugel vor, es handelt sich annähernd um Halbkugelschalen. Die übrigen Partikel, ungefähr die Hälfte, liegen als völlig deformierte Partikel vor (Abb. 5.2 oben), die aus einzelnen Schichten in unregelmäßiger Anordnung bestehen.

Wie in Abbildung 5.2 unten zu sehen ist, besteht die Partikelschale aus einer Agglomeration von Kristallen mit mehr oder minder großen Zwischenräumen und Rissen. Die Größenordnung der Kristalle beläuft sich auf ca. 1 μm. Dieser Wert stimmt mit Literaturwerten überein [101].

Abhängig von der ursprünglichen Tropfengröße ändert sich auch der Hohlkugeldurchmesser. Die Partikel aus Probe 7, deren anfänglicher Tropfendurchmesser 66 μm betrug, blähen auf bis zu einem Durchmesser von $169,2 \pm 13,0\,\mu$m (gemessen wurden 22 Partikel), wohingegen die Partikel der ersten sechs Proben einen finalen Durchmesser von $195,3\ \pm\ 22,1\mu$m (aus 64 Partikeln) aufweisen (anfänglicher Durchmesser 89 μm).

5.1.1. Spezifische Oberfläche und Porengrößenverteilung

Alle Proben wurden einer Stickstoff-Physisorptionsanalyse (Kapitel 4.2.1) unterzogen. Die Proben wurden zur Vorbereitung auf die eigentliche Stickstoffadsorptionsmessung unter Vakuum über eine Dauer von 4 Stunden ausgeheizt. Dabei wurde eine Endtemperatur von 100 $°C$ gewählt, da höhere Temperaturen in der Probe verbliebene Kristallwasseran-

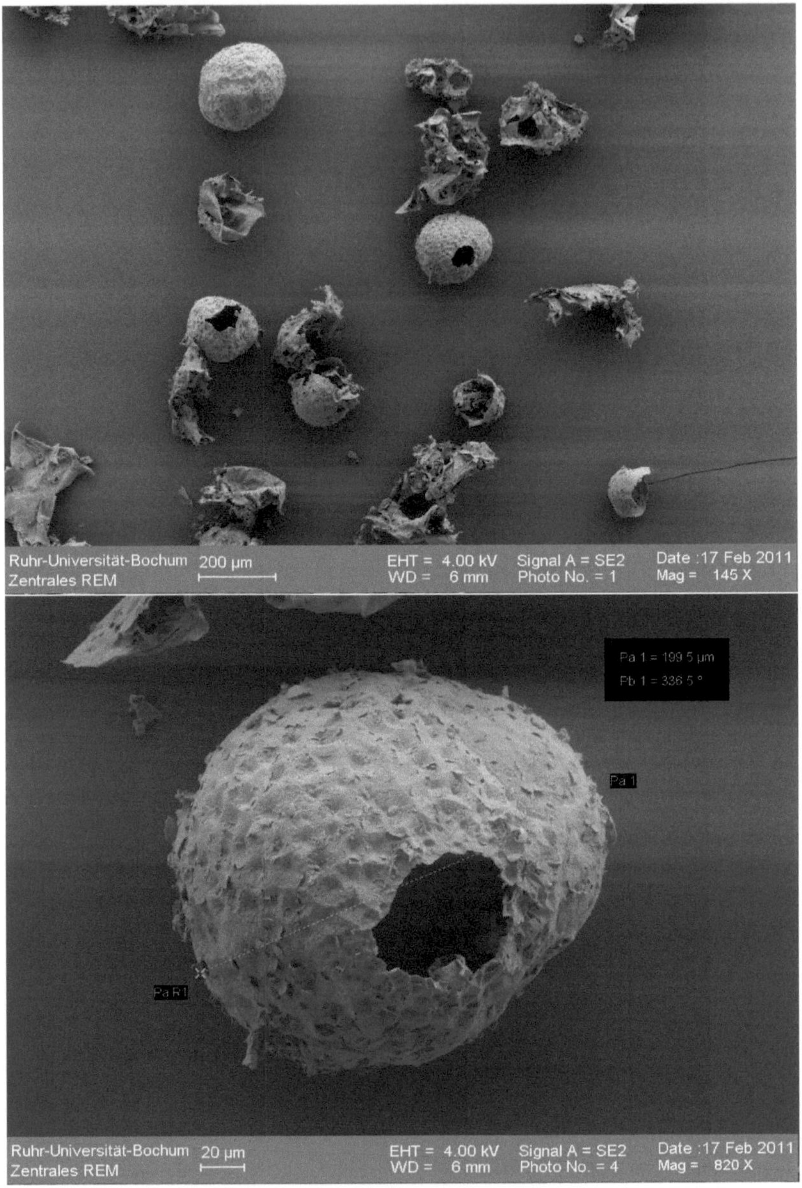

Abbildung 5.1.: Übersicht über Hohlsphären und zerplatzte Partikel (oben), Partikelhohlsphäre mit Bemaßung (unten), die Partikel stammen aus Probe 1.

Abbildung 5.2.: Zerplatztes Partikel (oben), Ausschnitt aus der Partikeloberfläche mit Rissen in der Größenordnung weniger Nanometer (unten), die Partikel stammen aus Probe 1.

teile hätten zerstören können. Dies hätte wiederum zu einer möglichen Veränderung der mineralogischen Zusammensetzung der Probe geführt, die wiederum rückwirkend die Oberflächenstruktur hätte verändern können. Exemplarische Ergebnisse der Physisorptionsmessung sind in Abbildung 5.3 gezeigt.

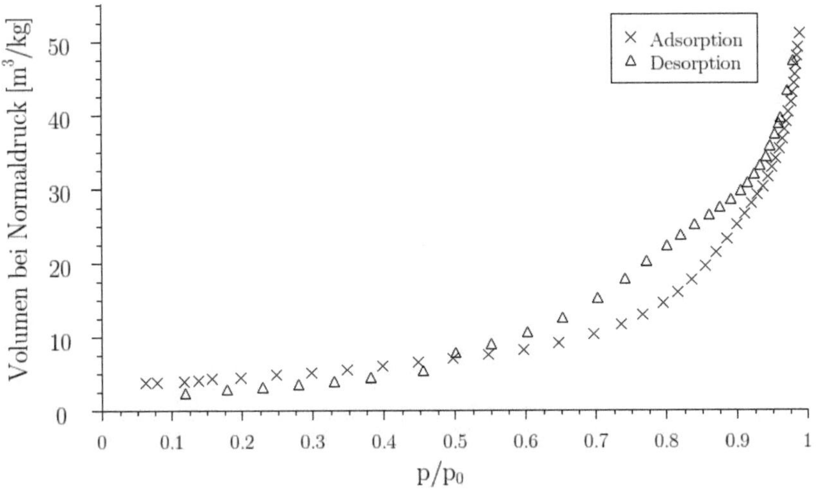

Abbildung 5.3.: Beispiel einer Adsorptions-Desorptionsmessung nach Messung (Probe 1).

Wie der Verlauf der Kurven in Abbildung 5.3 zeigt, liegt bei niedrigen Drücken die Adsorptionskurve oberhalb der Desorptionskurve. Dies deutet darauf hin, dass bei der Desorption nicht nur der zugeführte Stickstoff verdampft ist, sondern auch Bestandteile der Probe (anhaftendes oder Kristallwasser) in die Gasphase überführt wurden. Ein registrierter Gewichtsverlust von ca. 10% relativ aller Proben im Vergleich zur Probenmasse vor und nach der Messung deutet ebenfalls darauf hin. Für die gemessenen Oberflächen bedeutet dies, dass sie vermutlich um ca. 10 % größer ausfallen, als aus den Kurven ermittelt wurde. Tabelle 5.1 zeigt die für alle Proben gemessenen spezifischen Oberflächen und den mittleren Porendurchmesser. Dieser wurde nach der Beziehung

$$\overline{d}_p = \frac{4\,V_p}{A_p} \tag{5.1}$$

Tabelle 5.1.: Spezifische Oberfläche und Porendurchmesser mit maximalem Anteil am Porenvolumen aller Proben.

Probe #	A_m $[m^2/g]$	$\overline{d}_p$ $[nm]$	
1	15,73	10,10	$\overline{d}_p \simeq 9,3\,nm$
2	12,34	9,77	
3	16,82	7,56	
4	22,41	9,88	
5	31,43	5,56	$\overline{d}_p \simeq 4,5\,nm$
6	36,19	3,77	
7	35,58	3,77	

bestimmt [77]. Das Volumen innerhalb der Poren V_p und die Innenfläche der Poren A_p wurden ebenfalls aus den Physisorptionsmessungen ermittelt. Für jede Probe wurde der Mittelwert aus Adsorptionsmessung und Desorptionsmessung bestimmt, um die vorab beschriebene Abweichung zwischen beiden Kurven zu berücksichtigen. Eine weitere Möglichkeit, aus der Porengrößenverteilung einen mittleren Porendurchmesser zu berechnen, besteht bei Kenntnis der Verteilungsfunktion der Porengröße [85]:

$$\overline{d}_p = \frac{\int_{V_{p1}}^{V_{p2}} d_p \, dV_p}{V_{p2} - V_{p1}}. \tag{5.2}$$

Da nicht alle ermittelten Porengrößenverteilungen aber keinen offensichtlichen funktionalen Zusammenhang erkennen ließen (s. Anhang), wurde auf diese mathematisch exaktere Variante verzichtet. Die spezifischen Oberflächen der Proben, deren anfänglicher Tropfendurchmesser $89\,\mu m$ betrug, und die nach einer Fallstrecke von $1\,m$ (Probe 1-4) im Fallrohr entnommen wurden, beträgt zwischen 12 und $22\,m^2/g$. Die Verlängerung der Fallstrecke, und damit die fortgeschrittene Reaktion der Partikel, führt zu einer Zunahme der spezifischen Oberfläche auf mehr als $30\,m^2/g$ (Probe 5+6). Hier konnte kein signifikanter Einfluss der anfänglichen Partikelgröße, abgeleitet von Probe 7, festgestellt werden, wie Tabelle 5.1 zusammenfasst.

Ein Beispiel für die mittels der BJH-Methode bestimmten Porengrößenverteilungen ist in Abbildung 5.4 gezeigt. Die Messdaten belegen, dass die Partikel mit zunehmender Aufenthaltszeit im Reaktor kleinere Poren bilden, von im Mittel 9,3 nm fällt der Durchmesser der Poren mit dem größten Volumenanteil auf ca. 4,5 nm. Auch hier hat die Partikelgröße keinen signifikanten Einfluss.

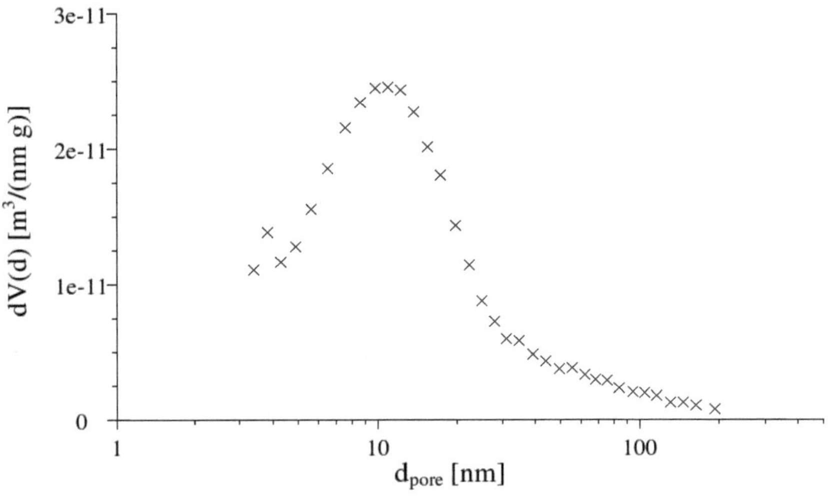

Abbildung 5.4.: Verteilung des relativen Porenvolumens nach Porendurchmesser von Probe 1.

Die gemessene spezifische Oberfläche aller Proben liegt im Bereich der Literaturwerte aus industriellen Anlagen (Kapitel 2.1.1). Neu hinzu kommt allerdings eine Aussage über die dominierende Porengröße, womit ein wichtiger Parameter für die folgende numerische Betrachtung des Sprühröstprozesses gewonnen werden konnte.

5.2. Chemische und mineralogische Beschaffenheit

Sowohl die röntgendiffraktometrische als auch die energiedispersive Röntgenanalyse können Informationen über die elementare Zusammensetzung der Proben liefern. Aus den Ergebnissen der Röntgendiffraktometer-Messungen lässt sich die Menge der enthaltenen Elemente durch Umrechnung bestimmen. Der Vorteil der Röntgendiffraktometrie liegt hier vor allem darin, dass die Messung nicht punktuell erfolgt, sondern ein größerer Probenbereich abgedeckt wird. Auch ist bei der EdX-Messung durch den Strahlduchmesser im Bereich von 1-2 μm und die Eindringtiefe von vergleichbarer Größenordnung keine für die

Probe globale Aussage möglich. Mit dem EdX-Spektrometer wurden daher über mehrere Messungen statistisch gemittelt die elementaren Zusammensetzungen bestimmt. Allerdings kann der Wasserstoff aus eventuell vorhandenem Hydratwasser nicht nachgewiesen werden.

Die Auswertung der Beugungsspektren des Röntgendiffraktometers erfolgt durch Vergleich mit Reflexlisten, anhand derer die Abfolge der Peakpositionen und Intensitäten der einzelnen Peaks gezielt chemischen Verbindungen zugeordnet werden können. Die für die Auswertung der Laborproben genutzten Reflexlisten sind in Abbildung 5.5 grafisch dargestellt. Ein Vergleich der Listen für Fe_3O_4 und Fe_2O_3 zeigt, dass die in den Proben 1-6 identifizierten und Magnetit zugeordneten Reflexe in Position und Intensitätsverhältnis fast exakt mit denen des Hämatit zusammenfallen. Ein weiterer Reflex, der zu Unsicherheiten führen kann, stammt vom Tetrahydrat bei $2 * \theta \simeq 36°$. Dieser fällt mit dem Hauptreflex der beiden gerade genannten Eisenoxide zusammen. Unter Berücksichtigung der gesamten Anzahl von Peaks im Röntgenspektrum, beispielhaft dargestellt in Abbildung 5.6, sowie der relativ geringen Konzentration des Eisenoxids zu diesem Zeitpunkt wird ersichtlich, dass eine eindeutige Identifikation an dieser Stelle erschwert ist.

Tabelle 5.2 fasst die Ergebnisse der Diffraktometeruntersuchungen zusammen. Alle Proben sind von Eisenchloridhydraten dominiert. Dabei sind die Proben 1-4 durch Anteile von Dihydrat gekennzeichnet, während die Proben 5-7 diese Zwischenstufe der Abröstung nicht zeigen. Die Proben 1-6, also alle, die mit einer $50\,\mu m$-Lochblende und ca. $90\,\mu m$ großen Tropfen erzeugt wurden, sind durch einen deutlich messbaren Anteil von Wüstit gekennzeichnet, der im Fall der Proben 5 und 6 mit längerer Fallstrecke um einen Faktor 2 größer ist als für die übrigen Proben. Für Probe 7 entfällt das Wüstit. In den ersten sechs Proben wurde Magnetit gefunden. Auch hier ist das Mengenverhältnis in den Proben 5 und 6 ca. zweimal höher als für die vorhergehenden Proben. Probe 7 ist die einzige aller Proben, in der Hämatit mit 9,7 mol-% nachweisbar ist.

Insgesamt ist die Messung der Eisenoxidphasen mit Unsicherheiten behaftet, die von der Zusammensetzung der Proben herrühren. Wie bereits erwähnt wurde sind die Reflexlisten von Magnetit und Hämatit vor allem in den deutlichen Peaks sehr ähnlich, so dass sich Anteile der einen Substanz durchaus unter der anderen verstecken können. Weiterhin ist die Nachweisgrenze in der Größenordnung von 2-5 Massenprozent, somit ist die Menge der enthaltenen Phasen zwar nachweisbar, eine genaue Quantifizierung wird aber erschwert.

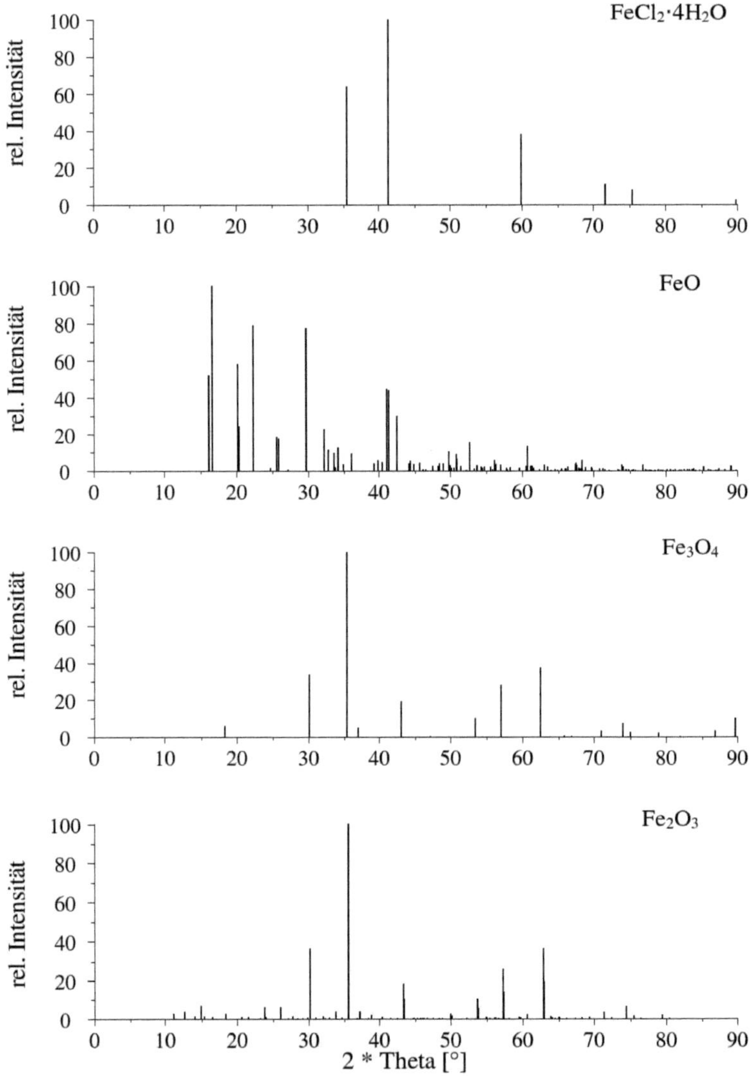

Abbildung 5.5.: Reflexlisten der vier hauptsächlich durch Röntgenbeugung identifizierten Mineralphasen [64, 69, 30, 89]

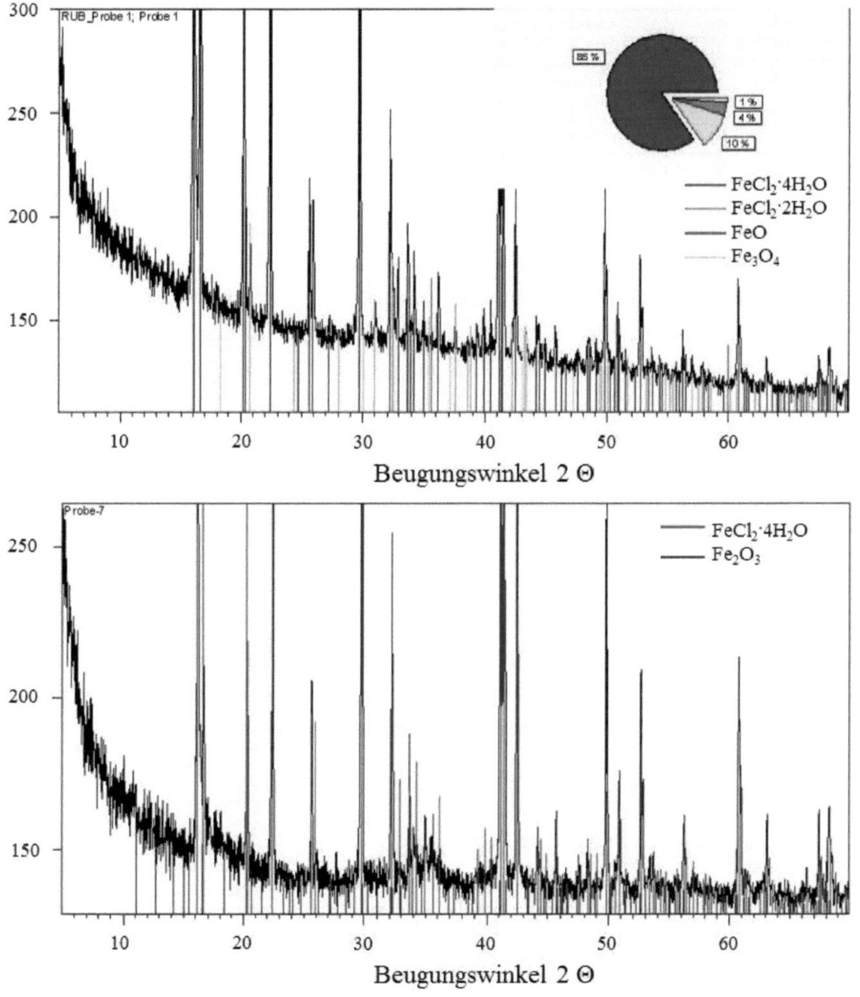

Abbildung 5.6.: Beispiele von Diffraktometer-Spektren anhand der Messergebnisse der Proben 1 (oben) und 7.

Tabelle 5.2.: Mineralogische Zusammensetzung aller Proben (X-Diff) in mol −%.

Probe #	$FeCl_2 \cdot 4H_2O$	$FeCl_2 \cdot 2H_2O$	FeO	Fe_3O_4	Fe_2O_3
1	77.1	11.2	10.1	1.6	0
2	77.8	6.6	14.8	0.8	0
3	73.4	14.2	12.4	0	0
4	53.1	37.2	9.7	0	0
5	71.5	0	25.6	2.9	0
6	71.9	0	23.7	4.4	0
7	90.3	0	0	0	9.7

Da die Möglichkeit der EdX-Spektroskopie am verwendeten REM gegeben war, und damit quantitative Vergleichswerte für die Elementbilanz gewonnen werden konnten, wurden die Proben dort ebenfalls untersucht. Die mittels EdX bestimmten Gehalte an Eisen, Chlor und Sauerstoff sowie der Vergleich mit den aus den röntgendiffraktometrischen Messungen ermittelten Werten sind in Tabelle 5.3 aufgelistet. Die Ergebnisse aus der Röntgendiffraktometrie wurden um den Wasserstoffgehalt korrigiert, da dieser für die EdX-Messung nicht zugänglich ist. Die Summe der Anteile von Fe, Cl_2 und O_2 ergibt somit auch für diese Datensätze 100 %.

Die EdX-Messungen zeigen vergleichbare Tendenzen wie die Röntgendiffraktometer-Messungen. Es zeigt sich, dass die Proben 1-4 einen relativen Eisengehalt von 17-23 mol-% aufweisen, wohingegen der Eisengehalt für die drei Proben 5-7 wiederum höher, nämlich bei 23-25 mol-% liegt. Umgekehrt sinkt der Chlorgehalt mit zunehmender Aufenthaltsdauer. Allerdings liegen hier für die EdX-Messungen stärkere Streuungen von ca. 20 % relativ vor.

5.3. Bewertung der Ergebnisse

Die mineralogische Untersuchung mittels Röntgendiffraktometrie hat gezeigt, dass in allen Proben signifikante Anteile von Eisenchloridhydraten mit Eisenoxiden koexistieren. Damit ist gezeigt, dass Partikel in Sprühröstreaktoren bereits mit der Umwandlung von Eisenchlorid zu Eisenoxid beginnen, auch wenn noch Kristallwasser im Partikel gebunden ist. Eine häufig getroffene Annahme aus der Literatur geht gegenteilig davon aus, dass erst das komplette Kristallwasser verdampft, bevor die Reaktion nach Gleichung 3.17 einsetzt

Tabelle 5.3.: Elementarzusammensetzung aller Proben nach EdX-Analyse und Röntgendiffraktometrie (X-Diff) in mol −%.

	EdX			X-Diff		
Probe #	Fe	Cl_2	O_2	Fe	Cl_2	O_2
1	21.4	36.7	41.9	16.0	28.3	55.7
2	23.2	51.0	35.8	16.4	27.6	56.0
3	20.4	41.5	38.1	16.4	28.7	54.9
4	17.6	49.1	33.3	17.3	31.3	51.4
5	25.2	27.0	47.8	17.7	25.3	57.1
6	23.0	35.3	41.7	17.5	25.1	57.4
7	22.7	43.6	33.7	15.8	26.9	57.3

[65]. Diese Annahme wurde auch für das im Rahmen dieser Arbeit entwickelte Modell zur numerischen Simulation des Sprühröstprozesses genutzt.

Die Proben zeigen die erwartete fortgeschrittene Reaktion mit zunehmender Aufenthaltszeit. Allerdings weist die resultierende Konzentration der Mineralphasen keine starke Abhängigkeit von der Zusammensetzung der Gasphase auf, wie dies zu vermuten wäre.

Die Bestimmung der spezifischen Oberfläche und Porengrößenverteilung hat gezeigt, dass unter den gegebene Bedingungen relativ große spezifische Oberflächen erzielt werden. Ein Vergleich mit Literaturwerten ergibt, dass es sich nicht um außerordentlich hohe Werte handelt (Kapitel 2.2). Der mittlere Porendurchmesser nimmt mit zunehmender Reaktionsdauer ab. Die aus den Physisorptionsmessungen gewonnenen Ergebisse zeigen ebenfalls nur geringe Abhängigkeiten von der Rauchgas-Zusammensetzung.

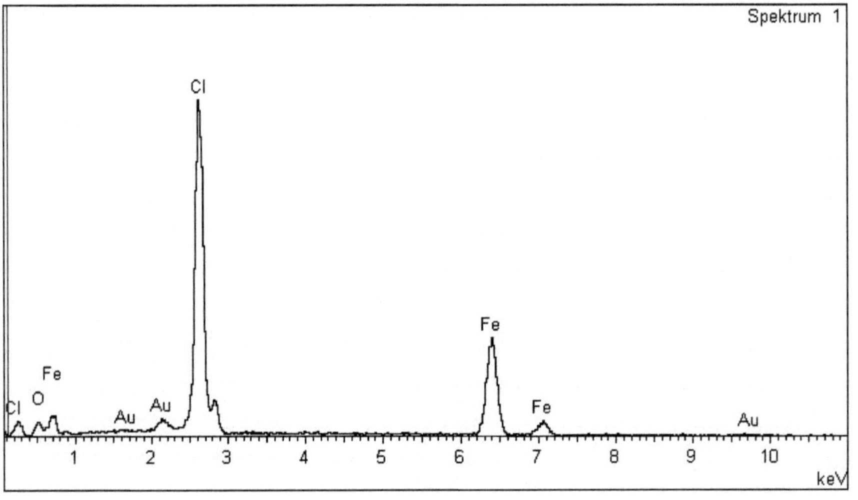

Abbildung 5.7.: Beispiel eines EdX-Spektrums. Es handelt sich um eines der Spektren von Probe 1. Aufgetragen ist die relative Intensität der Röntgenphotonen in Abhängigkeit von der Energie.

6. Numerische Analyse - Modellbildung

In den Kapiteln 2 und 3 wurden die physikalischen und chemischen Grundlagen beschrieben, die auf den Röstprozess von Eisenchloridpartikeln Einfluss nehmen. Die Vielzahl der Parameter, Ausgangskonzentration der Lösung, Aufheizrate, Zusammensetzung der Gasphase und Partikelgröße, sowie die turbulenten Eigenschaften des rotierenden Strömungsfeldes der industriell genutzten Reaktoren, verhindern eine direkte Analyse des Einflusses der Betriebsparameter auf die Qualität der Endprodukte. Daher wird zur Beschreibung der Abläufe in Großanlagen die Möglichkeit der numerischen Simulation genutzt, um den Einfluss von Betriebsparametern auf den Gesamtprozess zu bestimmen.

Die numerische Simulation benötigt ein Modell der Partikelbildung, das die zur Abröstung grundlegenden Reaktionen 3.17 und 3.18 beschreibt. Erste Vorarbeiten dazu wurden von Narin [66] und Beck [6, 7, 8, 9] veröffentlicht. Die beschriebenen Modelle vernachlässigen aber grundlegende Details des Prozesses teilweise oder gänzlich, so dass eine Vertiefung der numerischen Beschreibung notwendig erscheint.

Der Laborreaktor ermöglicht die Probenherstellung unter definierten Randbedingungen. Im Gegensatz zu Industriereaktoren ist somit ein Vergleich der numerisch berechneten Ergebnisse mit Probenmaterial möglich. Die Beschreibung des Strömungsfeldes wird für alle Reaktoren mit der CFD-Software FLUENT[1] durchgeführt. Die Schritte zur Beschreibung der Gasphase, vor allem aber zur Bildung und Reaktion der Partikel in der Strömung werden in den folgenden Abschnitten beschrieben.

[1]Version 6.3.26, Ansys, Canonsburg, Pennsylvania, U.S.A

6.1. Modelle zur numerischen Simulation

Das $k - \omega$-Turbulenzmodell

Das SST-k-ω Turbulenzmodell (Menter, [63]) wurde zur Beschreibung der Turbulenz der Gasphase genutzt. Zur Berechnung der Turbulenz werden die beiden Transportgleichungen für die turbulente kinetische Energie k

$$\frac{\partial}{\partial t}(\rho k) + \frac{\partial}{\partial x_i}(\rho k u_i) = \frac{\partial}{\partial x_j}\left(\Gamma_k \frac{\partial k}{\partial x_j}\right) + G_k - Y_k + S_k \quad (6.1)$$

$$(6.2)$$

und die Wirbelstärke ω

$$\frac{\partial}{\partial t}(\rho \omega) + \frac{\partial}{\partial x_i}(\rho \omega u_i) = \frac{\partial}{\partial x_j}\left(\Gamma_\omega \frac{\partial \omega}{\partial x_j}\right) + G_\omega - Y_\omega + S_\omega \quad (6.3)$$

$$(6.4)$$

gelöst. Es zeichnet sich dadurch aus, dass es einerseits die hochviskose Grenzschicht im Wand-Nahbereich beschreiben kann, aber auch eine korrekte Beschreibung der freien Strömung in großem Abstand von Wänden liefert. Die Bedingungen, wie sie bei der Modellierung der laminaren Strömung im Laborreaktor auftraten, hätten dort auch die Nutzung eines laminaren Modells ermöglicht. Da der Rechenaufwand aber durch die Verwendung des k-ω-Modells nicht signifikant erhöht wurde, konnte auch hier auf dieses zurückgegriffen werden. Damit wurde auch sichergestellt, dass die im Laborreaktor erprobte Beschreibung der Partikelabröstung nicht durch die Wahl der Modelle für die Simulation des Industriereaktors beeinflusst wird.

Reaktionskinetik der Gasphase

Die Beschreibung der turbulenten und gleichzeitig chemisch reagierenden Strömungen in Sprühröstreaktoren erfordert ein Modell, das den Einfluss von Durchmischung und chemischer Reaktionskinetik auf die Reaktionsgeschwindigkeit in der Gasphase berücksichtigt. Als solches Modell wurde das Eddy-Dissipation-Concept Modell (*EDC*-Modell, [59]) genutzt. Zwar ist auch dieses aufwändiger, als für die Simulation des Laborreaktors notwendig, aus vorab genannten Gründen wurde es aber auch dafür genutzt. Weiterhin ist es in der Lage, den Stoffaustausch zwischen diskreter Phase (also den reagierenden Partikeln) und der umgebenden Gasphase zu berücksichtigen.

Die chemische Kinetik der Verbrennung von Methan wurde mit dem Methane-4Step-Lindsted Mechanismus ([43]) berechnet. Dieser berücksichtigt zur Beschreibung der Oxidation von Methan die vier in Tabelle 6.1 angegebenen Reaktionsschritte. Die ebenfalls in Tabelle 6.1 angegebenen Parameter ermöglichen eine Berechnung der Reaktionskinetik nach der Gleichung

$$k(T) = A * T^{\beta} * e^{\frac{-E_a}{T}}. \tag{6.5}$$

Reaktion	A	β	E_a	Reaktionsordnung
$CH_4 + 0,5O_2 \rightarrow CO + 2H_2$	$4,4 * 10^{11}$	0	$1,254 * 10^{8}$	$[CH_4]^{0,5}[O_2]^{1,25}$
$CH_4 + H_2O \rightarrow CO + 3H_2$	$3,0 * 10^{8}$	0	$1,3 * 10^{8}$	$[CH_4]^{1}[H_2O]^{1}$
$H_2 + 0,5O_2 \rightleftharpoons H_2O$	$6,8 * 10^{15}$	-1	$1,7 * 10^{8}$	$[H_2]^{0,25}[O_2]^{1,5}$
$CO + H_2O \rightleftharpoons CO_2 + H_2$	$2,8 * 10^{9}$	0	$8,4 * 10^{7}$	$[CO]^{1}[H_2O]^{1}$

Tabelle 6.1.: Übersicht über die zur Berechnung der Kinetik der Gasphase genutzten Eingangsgrößen für Gleichung 6.5, Einheiten in [J, kg, mol, K, s].

Modellierung der diskreten Phase

In FLUENT ist die Modellierung einer diskreten Phase mittels einer Beschreibung nach einem Euler-Lagrange-Ansatz bereits vorgesehen. Gekennzeichnet ist diese Form der Beschreibung einer Mehrphasen-Strömung durch die Annahme, dass nur ein geringer Anteil des Volumens durch die diskrete Phase eingenommen wird.

Die Gasphase wird als Kontinuum mittels der Navier-Stokes-Gleichungen beschrieben, während für die Beschreibung der diskreten Phase die Bahnen der Partikel durch Zeitintegration der Newton'schen Bewegungsgleichung bestimmt werden. Um die Bewegung eines Partikels zu beschreiben, wurde in den durchgeführten Rechnungen die Differenz zwischen Gewichts- und Auftriebskraft sowie die Widerstandskraft $\vec{F}_W$, die das Partikel durch die Gasphase erfährt, bestimmt:

$$\frac{d\vec{v}_p}{dt} = \frac{\vec{F}_W\left(\vec{v}_{rel}\right)}{m_p} + \vec{g}\frac{\rho_p - \rho}{\rho_p}. \tag{6.6}$$

Die Widerstandskraft wurde unter Annahme kugelförmiger Partikel oder Tropfen als

$$\vec{F}_W = 0.5\, c_w\, \rho_g\, A\, v_{rel}^2 \tag{6.7}$$

mit $c_w = 0,44$ und $A = \pi\, d^2/4$ berechnet.

Ebenfalls entlang der Partikelbahn werden der Wärme- und Stofftransport zwischen diskreter und kontinuierlicher Phase berechnet. Da sich beide Phasen gegenseitig beeinflussen, werden die Gleichungen für die kontinuierliche und die diskrete Phase abwechselnd gelöst. Auf die verwendeten Gesetzmäßigkeiten zur Modellierung der diskreten Phase geht das folgende Unterkapitel ein.

6.2. Modellierung von Partikelbildung und Reaktion

Zu Beginn der Partikelbahnberechnung wird jedes Partikel an einem vorgegebenen Anfangspunkt mit den Parametern Masse, Durchmesser und Geschwindigkeit initialisiert. Die Berechnung der Partikelbahn und Reaktion erfolgt mittels der zu diesem Zweck erstellten *UDF* (*user defined function*[2]).

Inerter Wärmeaustausch

Immer dann, wenn das Partikel weder durch Verdampfung Masse verliert, noch durch eine chemische Reaktion ein Stoffaustausch mit der umgebenden Gasphase stattfindet, wird nur der Wärmetransport zwischen Partikel und kontinuierlicher Phase berechnet. Dazu wird die Gleichung

$$m_p c_p \frac{dT_p}{dt} = \alpha A_p \left(T_\infty - T_p\right) + \epsilon_p A_p \sigma (T_R^4 - T_p^4) \qquad (6.8)$$

gelöst. Dabei gehen die Temperatur der strahlenden Umgebung T_R, die Temperatur des umgebenden Mediums T_∞ und die Stefan-Boltzmann-Konstante σ in die Gleichung ein. Die Lösung von Gl. 6.9 erfolgt nun durch Integration einer genäherten, linearisierten Form der Gleichung, wobei kleine Temperatursprünge des Partikels mit der Zeit vorausgesetzt werden. Es folgt

$$T_p(t + \Delta t) = \alpha_p + \left[T_p(t) - \alpha_p\right] e^{-\beta_p \Delta t}, \qquad (6.9)$$

[2]FLUENT bietet die Möglichkeit, mittels *UDF*'s komplexe Mechanismen und Reaktionen abzubilden, die nicht im ursprünglichen Programmpaket enthalten sind.

wobei der Zeitschritt Δt durch das Tracking der Partikelbahn vorgegeben wird und die Koeffizienten

$$\alpha_p = \frac{\alpha T_\infty + \epsilon_p \sigma T_R^4}{\alpha + \epsilon_p \sigma T_p^3(t)} \quad \text{und} \tag{6.10}$$

$$\beta_p = \frac{A_p\left(\alpha + \epsilon_p \sigma T_p^3(t)\right)}{m_p c_p} \tag{6.11}$$

eingesetzt werden. Der Wärmeübergangskoeffizient α wird aus Gleichung 3.1 berechnet.

An dieser Stelle wird ein Ausschnitt der Ergebnisse, die durch die Simulation des Laborreaktors erzielt wurden, vorweggenommen. Gleichung 6.9 beschreibt auch die Wärmeübertragung durch Strahlung zwischen Partikel und Umgebung. Um den Strahlungsanteil des Wärmeaustausches zu quantifizieren, wurde der Laborreaktor mit den Randbedingungen, wie sie für Probe 5 (Tabelle 4.1) vorliegen, mit und ohne Berücksichtigung der Wärmestrahlung simuliert. Mittels des *DO*[3]-Modells [19, 70] wurde das Strahlungsfeld berechnet, dabei wurde der Emissionsgrad der Partikeloberfläche $\epsilon_p = 0,8$ gewählt. Eine genauere Kenntnis des Emissionsgrades, insbesondere in Abhängigkeit der Oberflächenzusammensetzung der Partikel, liegt nicht vor. Abbildung 6.1 zeigt die Gastemperatur entlang der Reaktormittelachse, die über den Umfang gemittelte Wandtemperatur entlang des Fallrohres und die Partikeltemperatur für die Simulation des Laborreaktors in beiden Fällen. Es zeigt sich, dass im vorliegenden Temperaturbereich der Austausch von Strahlungswärme nur geringen Einfluss auf die Partikeltemperatur hat. Wird nur der konvektive Wärmeübergang betrachtet, ist das Partikel ca. $20\,K$ heißer. Dies entspricht am unteren Reaktorende, dem Punkt niedrigster Partikeltemperatur während der chemischen Reaktion, einer Abweichung von $2,5\,\%$. Aufgrund der geringen Abweichung im relevanten Temperaturbereich für den Laborreaktor und des großen zeitlichen Aufwandes, der notwendig wäre, um die Modelle industrieller Reaktoren (Kapitel 7) unter Berücksichtigung der Wärmestrahlung zu berechnen, wurde darauf für die folgenden Ergebnisse verzichtet.

[3] *D*iscrete *O*rdinate

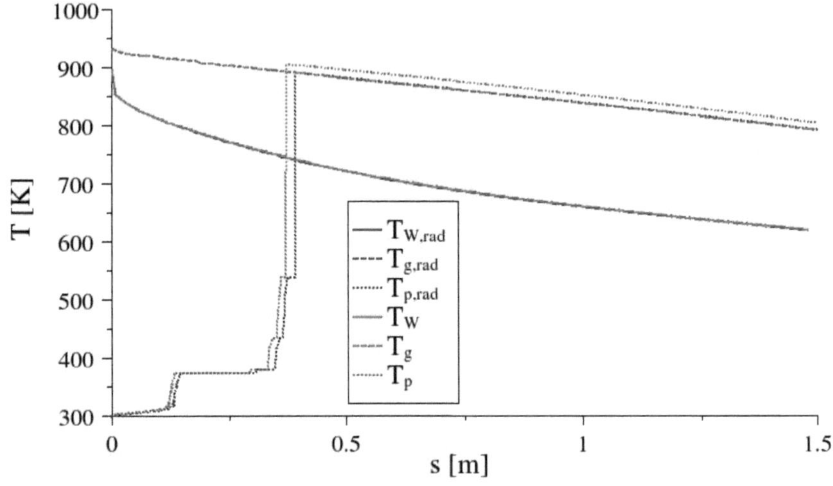

Abbildung 6.1.: Vergleich der Simulation des Laborreaktors mit und ohne Strahlung (rad).

Verdampfung

Erreicht das Partikel die Siedetemperatur von Wasser ($373\,K$), so wird die Durchmesserabnahme durch Verdampfung mittels

$$\frac{d}{dt}d_p = \frac{4\lambda}{\rho_p c_{p,\infty} d_p}\left(1 + 0,23\sqrt{Re_p}\right) ln\left[1 + \frac{c_{p,\infty}\left(T_\infty - T_p\right)}{h_{f_g}}\right] \tag{6.12}$$

berechnet. Als Eingangsparameter finden hier die Wärmekapazität c_p des Gases, die Wärmeleitfähigkeit λ und die latente Wärme von Wasser h_{f_g} Verwendung. Das verdampfte Wasser wird mittels Quellterm in die Gasphase überführt.

6.2.1. Schalenbildung - Partikelgröße

Die Partikelgröße als Parameter hat auf die Beschreibung des Röstprozesses großen Einfluss. Einerseits geht sie in die Nusselt- und Sherwoodzahl zur Beschreibung von Wärme- und Stoffübergang ein, andererseits wird auch das Verhalten der Partikel in der Gasphase und der Einfluss auf diese vom Partikeldurchmesser mitbestimmt.

In Kapitel 5.1 wurde für die im Laborversuch erzeugten Partikel festgestellt, dass eine Tropfengröße von ca. $90\,\mu m$ zu einer Partikelgröße von ca. $190 - 200\,\mu m$ mit einer Schalendicke der Hohlkugel von ca. $1,5 - 2\,\mu m$ führt. Um das Blähverhalten der Partikel beschreiben zu können, muss zuerst der Zeitpunkt festgelegt werden, ab dem sich an der Partikeloberfläche eine für Wasserdampf undurchlässige Schicht aus Eisenchloridtetrahydrat bildet. Dies ist dann der Fall, wenn die Massenkonzentration von Eisenchlorid in der äußeren Schicht des Partikels den Wert $Y_{FeCl_2} = 0,636$ erreicht. Der Wert ergibt sich aus dem Verhältnis der Molmassen von Eisenchlorid ($\mu = 0,127\,kg/\,\text{mol}$) und dem zugehörigen Tetrahydrat ($\mu = 0,199\,kg/\,\text{mol}$).

Um die kritische Konzentration an der Partikeloberfläche zu bestimmen, wurde das Brenn-Modell benutzt, wie es in Kapitel 3.1.3 beschrieben ist. Zur Bestimmung des Konzentrationsgradienten benötigt es vier Eingangsgrößen:

- Den Tropfendurchmesser zum Zeitpunkt der Injektion in den Reaktor.
- Die Anfangsmassenkonzentration von $FeCl_2$.
- Die Schrumpfungsrate $\tilde{\alpha}$.
- Den Diffusionskoeffizienten D von Eisenchlorid in Wasser.

Die beiden erstgenannten Größen sind Eingangsparameter der Simulation und somit bekannt. Die Bestimmung der Schrumpfungsrate $\tilde{\alpha}$ wurde aus Simulationsrechnungen der beiden Reaktoren bestimmt. Dabei wurden für den Laborreaktor Partikel der Durchmesser 65 bzw. 90 μm unter den Bedingungen für Probe 5 genutzt, aus deren Durchmesserabnahme während der Verdampfung des enthaltenen Wassers die Schrumpfungsrate $\tilde{\alpha} = \frac{d}{dt}d^2$, also die Oberflächenabnahme pro Zeiteinheit, mittels linearer Regression berechnet wurde. Diese besitzt die gleichen funktionalen Abhängigkeiten wie die Durchmesserabnahme, Gleichung 6.12. Für den Industriereaktor wurden Partikel in fünf Durchmessern zwischen 33 und 600 μm betrachtet, vgl. Kapitel 7.1. Aufgrund des inhomogenen Strömungsfeldes variiert die Schrumpfungsrate in diesem Reaktortyp, daher musste im Rahmen des verwendeteten Modells ein fester exemplarischer Wert vorausgesetzt werden.

Die Bestimmung des Diffusionskoeffizienten von Eisenchlorid in Wasser erfolgte mittels der Wilke-Chang-Korrelation [98]:

$$D_{FeCl_2-H_2O} = 2,3 \cdot 10^{-10} \frac{T\,(\phi M)^{1/2}}{\eta V^{0,6}}. \tag{6.13}$$

Dabei geht neben der Temperatur T, der Molmasse M und der dynamischen Viskosität η des Lösungsmittels das Volumen $V(T)$ des gelösten Stoffes am Siedepunkt ein. Üblicherweise wird die Temperaturausdehnung zwischen Raumtemperatur und Siedepunkt mittels der Formel

$$V_{FeCl_2}(1273K) = V_{FeCl_2}(298K)\,(1 + \gamma(1273K - 298K)) \tag{6.14}$$

berechnet, wobei hier schon der Siedepunkt von $FeCl_2$ ($T_s = 1273\,K$) eingesetzt wurde. Der Ausdehnungskoeffizient γ ist für $FeCl_2$ nicht bekannt, daher wurde mit dem Wert für Eisen, $12 \cdot 10^{-6}\,1/K$, gerechnet. Bei der Siedetemperatur des chemisch nicht gebundenen Wassers ergibt sich somit ein Diffusionskoeffizient von

$$D_{FeCl_2-H_2O} \simeq 4,98 \cdot 10^{-9} \frac{m^2}{s}. \tag{6.15}$$

Dazu muss bemerkt werden, dass die von Wilke und Chang bestimmten Werte für Lösungen aus Wasser und organischen Verbindungen gemessen wurden, so dass die Siedepunkte der gelösten Stoffe sehr viel niedriger liegen als der von Eisenchlorid. Weiterhin geben Wilke und Chang einen statistischen Fehler von 12 % für ihre Messreihen an.

Mittels der bekannten Eingangsgrößen konnte die Massenkonzentration von Eisenchlorid gemäß der Differentialgleichung 3.10 zeitlich und radial aufgelöst bestimmt werden. Dazu wurde die Gleichung numerisch gelöst. Eine genaue Beschreibung der Vorgehensweise findet sich bei Beck [9].

In den Abbildungen 6.2 und 6.3 sind die Konzentrationsgradienten für verschiedene Aufenthaltszeiten der Partikel im Laborreaktor respektive im industriellen Reaktor gezeigt. Zum einen ergibt sich, dass die kritische Konzentration bei kleineren Tropfen schneller erreicht wird, andererseits ist der Konzentrationsgradient bei großen Tropfen deutlicher ausgeprägt, wenn die kritische Konzentration an der Partikeloberfläche erreicht wird. Durch Vergleich der beiden Abbildungen zeigt sich weiterhin, dass die Trocknung im Laborreaktor wesentlich schneller abläuft. So benötigt das Partikel mit $65\,\mu m$ Anfangs-

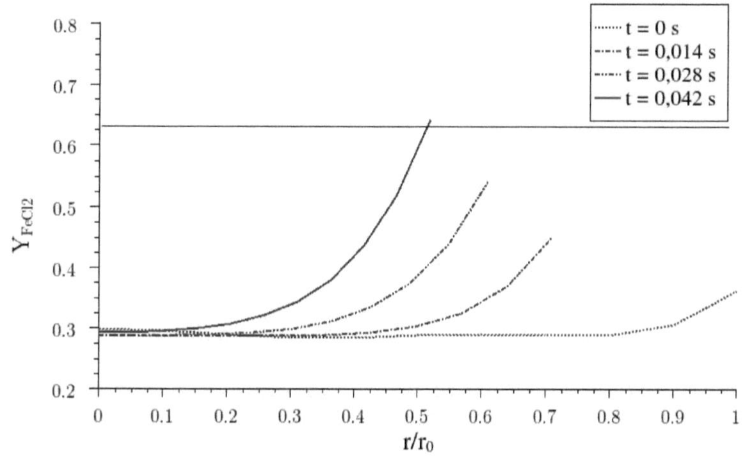

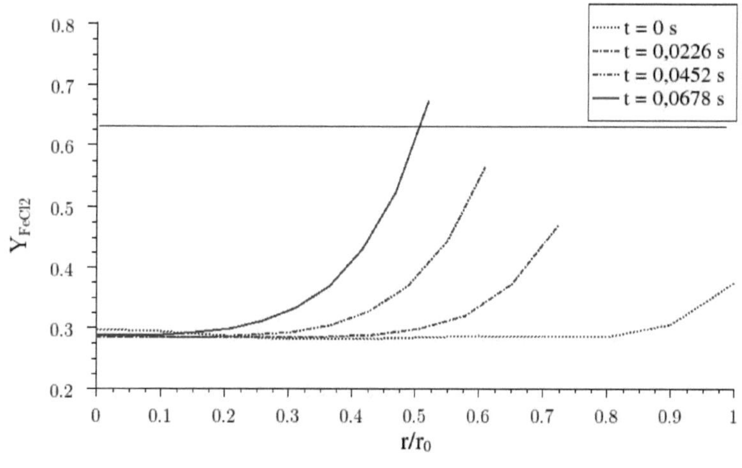

Abbildung 6.2.: Konzentrationsgradienten der Partikel im Laborreaktor, oben für $d_p = 65\,\mu m$, unten für $d_p = 90\,\mu m$.

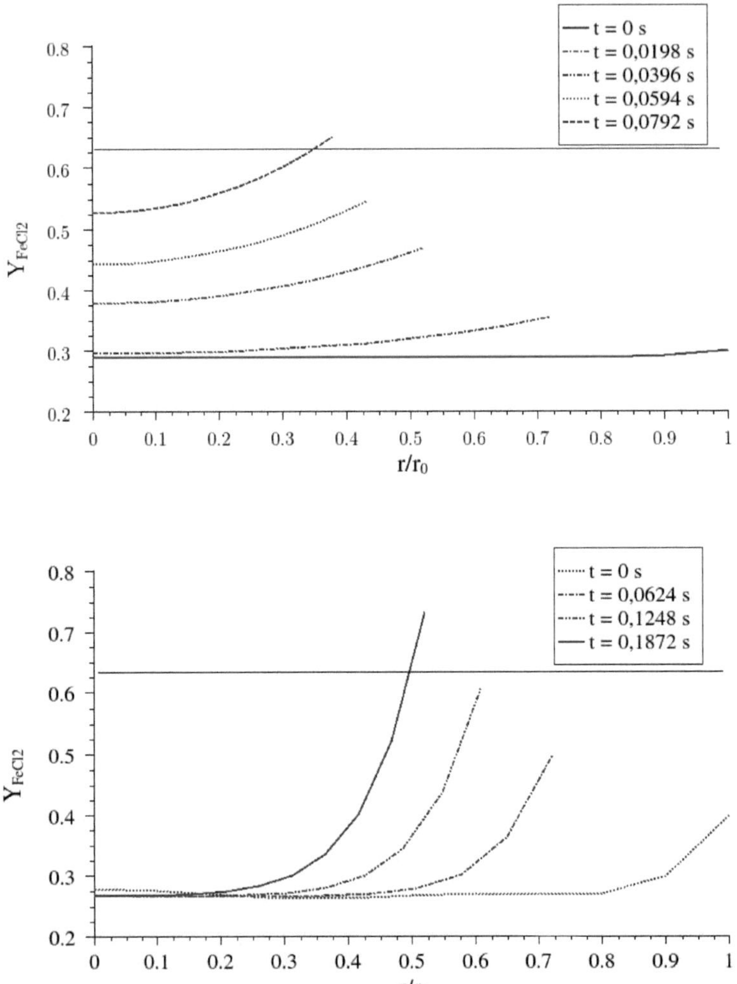

Abbildung 6.3.: Konzentrationsgradienten der Partikel im industriellen Sprühröstreaktor, oben für $d_p = 33\,\mu m$, unten für $d_p = 175\,\mu m$.

durchmesser im Laborreaktor nur etwa die Hälfte der Zeit, in der ein Partikel mit 33 μm Anfangsdurchmesser im industriell genutzten Reaktor die kritische Oberflächenkonzentration erreicht. Das dies so ist, liegt vor allem an den Temperaturprofilen. In Kapitel 7 wird gezeigt werden, dass die Partikel in industriellen Reaktoren erst eine ausgeprägte Zone vergleichsweise niedriger Temperaturen durchqueren, so dass die Wärmeübertragung auf das Partikel in dieser Zone geringer ausfällt. Es muss noch angemerkt werden, dass die berechneten Konzentrationsprofile in den Abbildungen 6.2 und 6.3 zum Zeitpunkt $t = 0$ nicht vollkommen konstant sind, wie dies für eine gleichmäßige Verteilung von $FeCl_2$ zu erwarten wäre. Ursache dafür ist die Wahl des Parameters n in $Y_{20} = a_0 + a_n \xi^n$ (Gleichung 3.14). Für die Berechnung aller Partikelgrößen wurde $n = 12$ gewählt. Je höher n gewählt wird, desto flacher fällt die Konzentrationsverteilung zu Anfang aus. Da die Lebensdauer eines Tropfens (Gleichung 3.11) nicht von der anfänglichen Konzentrationsverteilung abhängt, ist der Einfluss von n auf die Zeit bis zur Bildung der kritischen Konzentration an der Oberfläche des Tropfens gering. Die Variation von n zwischen 9 und 18 ergab nur eine Änderung der Zeit um ca. 2,5 % relativ, größere Werte für n führten zu einer geringfügig langsameren Aufkonzentration an der Oberfläche. Da die Annahme einer konstanten Schrumpfungsrate für alle Partikel einer Fraktion im industriellen Reaktor ebenfalls eine deutliche Vereinfachung darstellt, wurde der Einfluss des Parameters n nicht berücksichtigt.

Die Partikel erfahren zu Beginn der Verdampfung eine Durchmesserabnahme. Da, wie in Kapitel 5.1 gezeigt, die Partikel im weiteren Verlauf durch den Dampfdruck des im Inneren verdampfenden Wassers aufgebläht werden, muss für die Größenentwicklung ein Gesetz eingeführt werden, dass das Aufblähen der Partikel abbildet. Eine übliche Darstellungsweise ist dabei eine Funktion der Form

$$d_p(m_p) = \left[1 + \left(\frac{d_{ende}}{d_{anf}}\right) \frac{1}{1 - \overline{Y}_{FeCl_2}} \frac{m_{p,0} - m_p}{m_{p,0}}\right] \cdot d_{anf}. \tag{6.16}$$

Die Anfangsdurchmesser d_{anf} wurden mit dem Brenn-Modell berechnet. Sie sind durch den Zeitpunkt bestimmt, an dem die Oberfläche aus reinem Tetrahydrat besteht. Aus der zu diesem Zeitpunkt ermittelten Konzentrationsverteilung konnte die über den Radius gemittelte Konzentration von Eisenchlorid $\overline{Y}_{FeCl_2}$ bestimmt werden, sodass $1-\overline{Y}_{FeCl_2}$ den Flüchtigenanteil des Partikels zu Beginn des Blähprozesses beschreibt. Die Masse $m_{p,0}$ ist ebenfalls durch die Partikelmasse zu diesem Zeitpunkt gegeben. Die Enddurchmesser d_{ende} konnten im Laborreaktor für zwei Partikelgrößen bestimmt werden. Zur vollständigen numerischen Beschreibung von Röstreaktoren ist aber die Berücksichtigung eines größeren Partikelgrößenbereiches notwendig (Abbildung 7.2). Daher wurden verschiedene Annahmen geprüft, mit denen eine Abschätzung des Partikelenddurchmessers d_{ende} möglich wird.

Aus der mittleren Massenkonzentration $\overline{Y}_{FeCl_2}$ eines Partikels kann die Wassermenge abgeschätzt werden, die zum Zeitpunkt der Schalenbildung innerhalb der Schale eingeschlossen ist. Für ein Partikel, das mit einer Tropfengröße von $90\mu m$ in den Laborreaktor eingebracht wird, gilt folgendes:

- Die mittlere Eisenchloridkonzentration zum Zeitpunkt einsetzender Schalenbildung beträgt $\overline{Y}_{FeCl_2} = 0,45$ (Tabelle 6.2).
- Die Partikelmasse bei einsetzender Schalenbildung kann über die Erhaltung der Eisenchloridmasse bestimmt werden, da gilt:

$$m_{FeCl_2} = m_{p,0} \cdot Y_0 = m_{p,krit} \cdot \overline{Y}_{FeCl_2}. \tag{6.17}$$

- Aus der Partikelmasse wird die Wassermasse bestimmt zu

$$m_{H_2O} = \frac{m_{p,0} \cdot Y_0}{\overline{Y}_{FeCl_2}} \cdot \left(1 - \overline{Y}_{FeCl_2}\right). \tag{6.18}$$

  Für ein typisches $90\,\mu m$-Partikel im Laborreaktor ($Y_0 = 0,3$) ergibt sich somit $m_{H_2O} = 1,9 \cdot 10^{-10}\,kg$ zu Beginn der Bildung einer festen Schale.

Eine erste Annahme, wie der Enddurchmesser bestimmt werden kann, bietet die Ableitung des Innendrucks aus der idealen Gasgleichung. Dazu wird angenommen, dass die gesamte Masse des zum betrachteten Zeitpunkt eingeschlossenen Wassers innerhalb der Schale bleibt, bis diese an einer Stelle aufplatzt und der Dampf entweichen kann. Dabei wird zur Abschätzung nicht berücksichtigt, dass die Siedetemperatur mit zunehmendem Druck steigt. In Kapitel 5.1 wurde für die Tropfengröße von $89\,\mu m$ ein mittlerer Enddurchmesser von ca. $195\,\mu m$ bestimmt, womit sich bei der dort ebenfalls aufgeführten Schalendicke von $2\,\mu m$ das Innenvolumen der Hohlkugel zu $V_i = 3,4 \cdot 10^{-12}\,m^3$ berechnet. Eingesetzt in die ideale Gasgleichung ergibt sich ein Druck von

$$p_{krit} = \frac{m_{H_2O}}{M_{H_2O}} \frac{R}{V_i} \cdot T \tag{6.19}$$

$$\underset{T=373K}{=} 9,6\,MPa = 96\,bar. \tag{6.20}$$

Es ist leicht ersichtlich, dass Drücke dieser Größenordnung nicht mit der angegebenen Wandstärke korrelieren können. Daher, und aufgrund der porösen Oberfläche fester Partikel (Abbildung 5.2) ist also davon auszugehen, dass Wasser aus dem Partikel entweicht, bevor es die endgültige Größe erreicht.

Abbildung 6.4 zeigt den Vergleich zweier Modelle für den Endzustand der Partikel für alle zu betrachtenden Durchmesser. Für den ersten Fall wurde angenommen, dass die Wanddicke immer ca. $2\,\mu m$ beträgt. Die Partikel im Laborreaktor werden damit gut abgebildet, da von den Messungen dieser Partikel auch die Annahme abgeleitet wurde. Ein Partikel mit einem Anfangsdurchmesser von $600\,\mu m$ erfährt damit aber eine Durchmesserzunahme auf $3,3\,mm$, was nicht sehr realistisch erscheint. Daher musste eine weitere Annahme zur modellhaften Beschreibung der Partikelgrößenzunahme getroffen werden.

Für eine Kugel, die durch einen inneren Überdruck zu einer Vergrößerung ihres Durchmessers gezwungen wird, gilt das Kräftegleichgewicht

$$\frac{\pi}{4}\, p_i\, d_i^2 = \pi\, d_i\, \sigma\, s. \tag{6.21}$$

Der Überdruck p_i, der von innen auf die Fläche der Kugelschale πr_i^2 wirkt, erzeugt in dieser eine tangentiale Zugspannung σ und somit eine Kraft, die proportional zum Durchmesser d und der Wanddicke s ist. Unter der Annahme, dass s klein gegenüber d_i ist, kann letzterer durch den äußeren Enddurchmesser d_{ende} angenähert werden. Für das Verhältnis von Wanddicke s und Enddurchmesser d_{ende} ergibt sich somit

$$\frac{s}{d_{ende}} = \frac{p_i}{4\sigma}. \tag{6.22}$$

Die Zugspannung ist abhängig vom Elastizitätsmodul und damit vom Material der Wand, sowie der relativen Dehnung. Nimmt man nun an, dass die rechte Seite von Gleichung 6.22 konstant ist, weil das Bersten der Außenhülle immer bei gleichem Kräfteverhältnis zwischen Innendruck und entgegen wirkender Spannkraft der Hülle geschieht, so lässt sich aus dem Volumen der Hohlkugel

$$V_{HK} = \frac{\pi}{6}\left(d_{ende}^3 - d_i^3\right) \tag{6.23}$$

unter der Annahme, dass der Enddurchmesser $d_{ende} = d_i + 2s$ als Summe von Innendurchmesser und zweifacher Wanddicke s der Kugelschale zu schreiben ist, berechnen zu

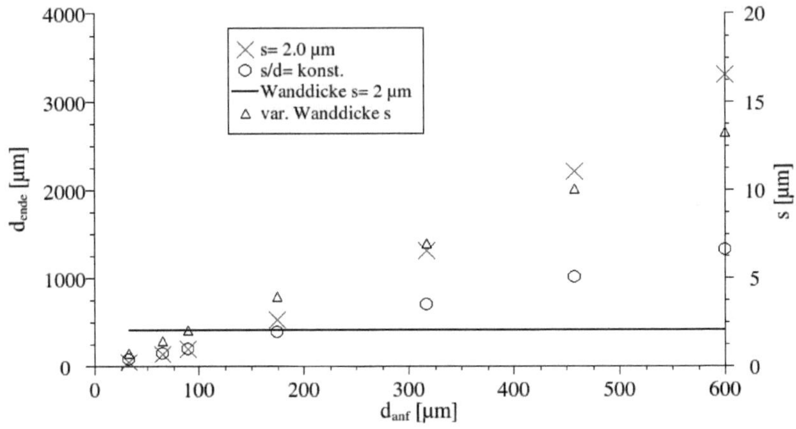

Abbildung 6.4.: Vergleich der finalen Partikeldurchmesser d_{ende} und resultierender Wanddicken s

$$V_{HK} = \frac{\pi}{6} d_{ende}^3 (1 - 0.98)^3 \,, \tag{6.24}$$

wenn für das Verhältnis konstant $s/d = 0,01$ angenommen wird. Die Konstanz dieses Verhältnisses folgt aus Gleichung 6.22, die Werte ergeben sich aus den in Kapitel 5.1 diskutierten Ergebnissen für Wanddicke und Hohlkugeldurchmesser. Das eingenommene Volumen kann aus der im Partikel enthaltenen Masse von Eisenchloridtetrahydrat bestimmt werden, in dem die Gleichung $m = V \cdot \rho$ gelöst wird. Wie in Abbildung 6.4 zu sehen ist, nimmt auch der mit diesem Modell berechnete finale Durchmesser der Hohlkugel mit dem Anfangsdurchmesser zu, allerdings ist der Durchmesserzuwachs geringer, als bei dem Modell mit konstanter Schalendicke. Dafür nimmt die Schalendicke mit zunehmendem Partikeldurchmesser zu. Dieses Modell wurde für alle weiteren Berechnungen verwendet. Eine Zusammenfassung der Werte, mit denen Schalenbildung und Aufblähen der Partikel berechnet wurden, ist in Tabelle 6.2 zu finden.

	industrieller Reaktor					Laborreaktor	
d_p [μm]	33	175	317	458	600	65	90
$\overline{Y}_{FeCl_2}$	0,600	0,420	0,306	0,304	0,304	0,470	0,450
d_{anf} [μm]	11	98	187	283	380	32	48
d_{ende} [μm]	72	384	694	1000	1314	142	195

Tabelle 6.2.: Parameter zur Berechnung von Gleichung 6.16 für alle simulierten Partikelgrößen.

Durch die Durchmesserzunahme bei gleichzeitiger Massenabnahme und zusätzlich ansteigender Dichte (vgl. Kapitel 6.2.3) bildet sich eine charakteristische Hohlkugel. Der Innendurchmesser der Hohlkugel wird berechnet zu

$$d_i = \left(d_{ende}^3 - \frac{6}{\pi} \frac{m_p}{\rho_p} \right)^{1/3} . \tag{6.25}$$

6.2.2. Kristallwasserumwandlung

Durch den chemisch gebundenen Anteil von Wasser in den Partikeln muss dessen Verdampfung in mehreren Schritten erfolgen, deren Temperaturen jeweils denen der Umwandlungstemperaturen zwischen den Hydratstufen entsprechen. Diese wurden bereits in Kapitel 3.2 diskutiert. Damit einher geht auch die Änderung der Wärmekapazität und der latenten Wärme. Weiterhin ändert sich abhängig von der Konzentration der Lösung bzw. des Partikels während des Oxidationsprozesses die Dichte, sodass für alle drei Größen ein konzentrationsabhängiger Verlauf berücksichtigt werden muss.

Wärmekapazität

Um Gleichung 6.9, mittels der die Temperaturänderung der Tropfen beschrieben wird, zu lösen, wird die Wärmekapazität benötigt. Aus der Temperaturänderung der Tropfen in Abhängigkeit von der Energiezufuhr (Abbildung 6.5) kann leicht die Wärmekapazität in den einzelnen Stufen berechnet werden. Dies geschieht jeweils nach der Gleichung

$$c_p = \frac{\frac{Q_1}{m} - \frac{Q_2}{m}}{T_1 - T_2} . \tag{6.26}$$

Die so ermittelten Werte sind in Tabelle 6.3 aufgeführt.

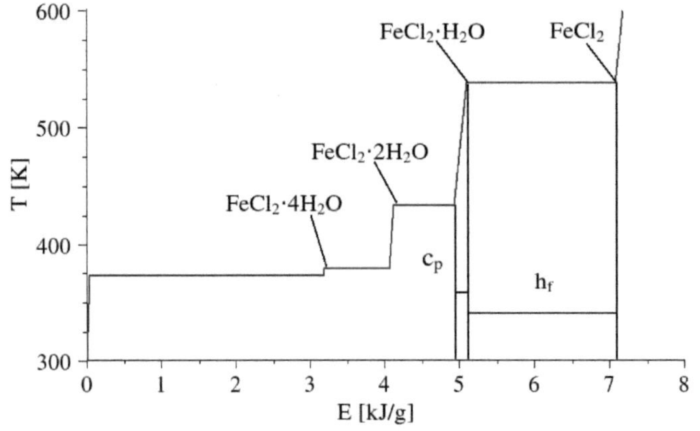

Abbildung 6.5.: Partikeltemperatur in Abhängigkeit der Energiezufuhr je Masseneinheit. Gekennzeichnet sind die verschiedenen Hydratstufen des Eisenchlorids.

$T\,[K]$	$c_p\,[kJ/(kgK)]$
< 373	2,918
$373 < T < 379$	1,838
$379 < T < 433$	2,164
$433 < T < 536$	3,395

Tabelle 6.3.: Wärmekapazität für die Übergänge zwischen den Kristallwasserstufen.

Latente Wärme

Ebenso wie die Wärmekapazität lässt sich auch die latente Wärme h_{f_g}, die benötigt wird um das chemisch gebundene Wasser zu verdampfen, aus dem Verlauf der Kurve in Abbildung 6.5 berechnen. Dazu wurde für jede der Stufen konstanter Temperatur die Energiedifferenz pro Masse verdampften Wassers berechnet, sodass gilt:

$$h_{f_g} = \Delta \frac{E(T = konst.)}{m} \cdot \frac{M_1}{M_2 - M_1}. \tag{6.27}$$

Bei den Molmassen M_1 bzw. M_2 handelt es sich jeweils um die Molmassen der Reinsubstanzen, wie sie zu Beginn und am Ende der jeweiligen Kristallwasserabspaltung vorliegen. Die Differenz beider bezeichnet somit den Wasserverlust bezogen auf die Partikelmasse.

Diese ist direkt proportional zur Molmasse der jeweils vorliegenden Reinsubstanz am Beginn der Verdampfung. Die so ermittelten Verdampfungsenthalpien[4] sind in Tabelle 6.4 zusammengefasst. Die Verdampfungsenthalpie steigt also für die höheren Kristallwasserstufen im Vergleich zum Normalwert von Wasser (also bei $T = 373K$) um 30 bzw. 50 % an.

$T\,[K]$	$h_{f_g}\,[MJ/kg_{H_2O}]$
373	2,26
379	2,82
433	3,30
536	3,29

Tabelle 6.4.: Energiebedarf zur Abspaltung der einzelnen Kristallwasserstufen (Verdampfungsenthalpie).

6.2.3. Dichteänderung

Für die Berechnung der Dichte wurde ein Massenbruchansatz gewählt. Zur Vereinfachung wurden die Dichten der Di- und Monohydratstufen dabei nicht mit berücksichtigt, ebenso das Zwischenprodukt Magnetit. Da für die Dichte in Abhängigkeit des Mischungsverhältnisses der beteiligten Substanzen keine Daten vorliegen, bietet sich die Vereinfachung über den Massenbruch an. Somit ergibt sich für die Dichte des Partikels

$$\rho_p = \frac{1}{m_p} \cdot \left(\sum_i (m_i \rho_i) \right). \tag{6.28}$$

Die verwendeten Werte für die Dichten der Einzelkomponenten können Tabelle 6.5 entnommen werden. Da mit jeder Änderung der Dichte auch eine Volumenänderung einher geht, muss in der Phase vor Bildung einer festen Schale der Partikeldurchmesser

$$d = \left(\frac{6}{\pi} \frac{m_p}{\rho_p} \right)^{1/3} \tag{6.29}$$

nach jeder Neuberechnung der Dichte korrigiert werden. Hat ein Partikel bereits begonnen, sich aufzublähen, so wird der Innendurchmesser der Hohlkugel nach Gleichung 6.25 neu berechnet.

[4] Als Verdampfungsenthalpie wird per Definition die Energie bezeichnet, die benötigt wird, um eine bestimmte Menge eines Stoffes isobar und isotherm vom flüssigen in den gasförmigen Aggregatzustand zu überführen. Daher handelt es sich in diesem Fall streng genommen nicht um Verdampfungsenthalpien.

	$\rho\,[kg/m^3]$	Quelle
H_2O	1000	
$FeCl_2 \cdot 4H_2O$	1926	[27]
$FeCl_2$	3162	[10]
FeO	5900	[86]
Fe_2O_3	5240	[65]

Tabelle 6.5.: Übersicht über die verwendeten Dichten zur numerischen Simulation des Röstprozesses.

6.2.4. Reaktionskinetik

Die Kinetik wurde mittels der in Kapitel 3.2.2 beschriebenen Teilkinetiken für die chemische Reaktion, Poren- und Grenzschichtdiffusion berechnet. Für die chemische Kinetik wurden nur die beiden Reaktionen

$$4FeCl_2 + 4H_2O \rightarrow 4FeO + 8HCl \tag{6.30}$$

$$4FeO + O_2 \rightarrow 2Fe_2O_3 \tag{6.31}$$

betrachtet. Mögliche Nebenreaktionen wie z.B. die Bildung von $FeCl_3$ (Gleichung 3.21) wurden vernachlässigt. Beide Reaktionen wurden mittels eines Arrheniusansatzes nach Gleichung 3.24 beschrieben. Für die Reaktion von $FeCl_2$ mit H_2O wurden von Vilcu [95] der präexponentielle Faktor $k = 2080\,mol\,(m^3\,s\,kg)^{-1}$ und eine Aktivierungsenergie $E_a = 121,0\,kJ\,\mathrm{mol}^{-1}$ veröffentlicht. Diese Werte wurden im Temperaturbereich von $853 - 893\,K$ ermittelt, decken sich also gut mit den üblichen Temperaturen des Sprühröstprozesses. Für die zweite Reaktion wurden von Rollason [81] die Werte $E_a = 3780\,J\,\mathrm{mol}^{-1}$ und $k = 1,427 \cdot 10^8\,m^3/(\mathrm{mol}\,s)$ angegeben. Zu beiden Kinetiken muss angemerkt werden, dass die verwendeten Versuchsaufbauten deutlich unterschiedlich zu Sprühröstreaktoren sind. Daher tragen die beiden präexponentiellen Faktoren abweichende Einheiten. Genauere Daten zur chemischen Kinetik sind in der Literatur nicht verfügbar.

Die Porendiffusion wurde gemäß Gleichung 3.39 berechnet. Dazu wurden die Annahmen getroffen, dass der Porendurchmesser $\overline{d}_p = 4\,nm$, die Porosität $\epsilon = 0,05$ und die Tortuosität $\tau = 5$ als Mittelwert gelten. Der erste Wert wurde aus den BET-Messungen bestimmt, bei den beiden folgenden handelt es sich um Annahmen, die aus der Literatur [45] übernommen wurden. Für die Grenzschichtdiffusion nach Gleichung 3.35 wurden die in [74] tabellierten Stoffwerte verwendet. Die Abbildungen 6.6 und 6.7 zeigen den Verlauf der Reaktionsgeschwindigkeitskonstanten k der chemischen Reaktion, der Porendiffusion und der Grenzschichtdiffusion. Dabei wurden zwei Partikel von 65 μm bzw. 90 μm Durchmesser im Laborreaktor unter den Bedingungen von Probe 5 simuliert. In beiden Abbildungen ist ersichtlich, dass sowohl für die Umwandlung von HCl nach Reaktionsgleichung 3.17 als auch die weitere Umwandlung von FeO hin zum Endprodukt Fe_2O_3 nach Reaktionsgleichung 3.18 die Geschwindigkeit der Porendiffusion um mindestens eine Größenordnung geringer ausfällt als die der Grenzschichtdiffusion. Weiterhin ist die chemische Reaktionsgeschwindigkeit deutlich höher als die der beiden vorher genannten Prozesse. Somit ist die Porendiffusion der die Reaktionsgeschwindigkeit bestimmende Effekt.

6.2.5. Zusammenfassung des Modells

Der Ablauf des Modells des Röstprozesses, wie es aktuell genutzt wird, ist in Abbildung 6.8 als Flussdiagramm dargestellt. Ein neues Partikel wird mit den als Startparametern vorgegebenen Werten (Durchmesser, Konzentration der Lösung, Geschwindigkeit, Dichte, Temperatur, Ort) initialisiert. Bei jedem Iterationsschritt wird die Aufheizung des Partikels gemäß Gleichung 6.9 berechnet, bis die Partikeltemperatur die Siedetemperatur von Wasser erreicht. Die Siedetemperatur trägt in Abbildung 6.8 den Index n, weil für jede Kristallwasserstufe eine andere Verdampfungs- oder Siedetemperatur gilt, wie in Kapitel 3.2 beschrieben wurde. Ist die Partikelmasse m_p größer als die Masse, die das Partikel nach Eindampfung auf die nächste Hydratstufe besitzen würde, so wird Wasser verdampft. Ist die Masse soweit abgesunken, wird das Partikel weiter aufgeheizt. Wird während der Verdampfung die Eisenchloridkonzentration im Partikel größer oder gleich der kritischen Konzentration für einsetzende Schalenbildung ($\overline{Y}_{FeCl_2}$, Tabelle 6.2), so wird die Partikelgröße unter Berücksichtigung von Dichte und Massenverlust nach Gleichung 6.16 berechnet. Die Zyklen „inerte Aufheizung“ und „Verdampfung“ werden solange durchlaufen, bis das letzte Kristallwasser verdampft wurde. Für diesen Fall wird angenommen, dass die Partikelmasse der Masse von reinem Eisenchlorid entspricht. Sodann wird die Reaktion unter Berücksichtigung der in Kapitel 6.2.4 beschriebenen Kinetik berechnet. Dabei wird weiterhin die Temperaturänderung des Partikels durch die freigesetzte Energie der chemischen Reaktion und den Energieaustausch mit der umgebenden Gasphase bestimmt. Ist die Umwandlung zu Fe_2O_3 vollständig erfolgt, wird nur noch der Energieaustausch des Partikels mit der Umgebung berechnet.

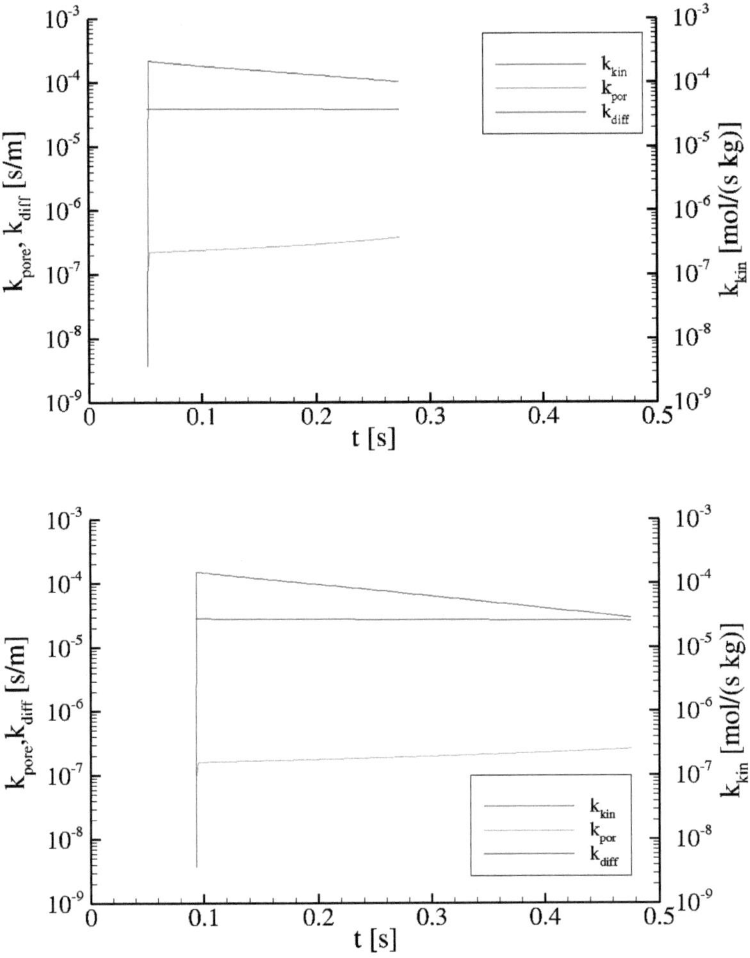

Abbildung 6.6.: Vergleich der Reaktionsgeschwindigkeiten von chemischer Reaktion, Porendiffusion und Grenzschichtdiffusion für den Abbau von $FeCl_2$, oben in einem 65 μm-Partikel, unten in einem 90 μm-Partikel.

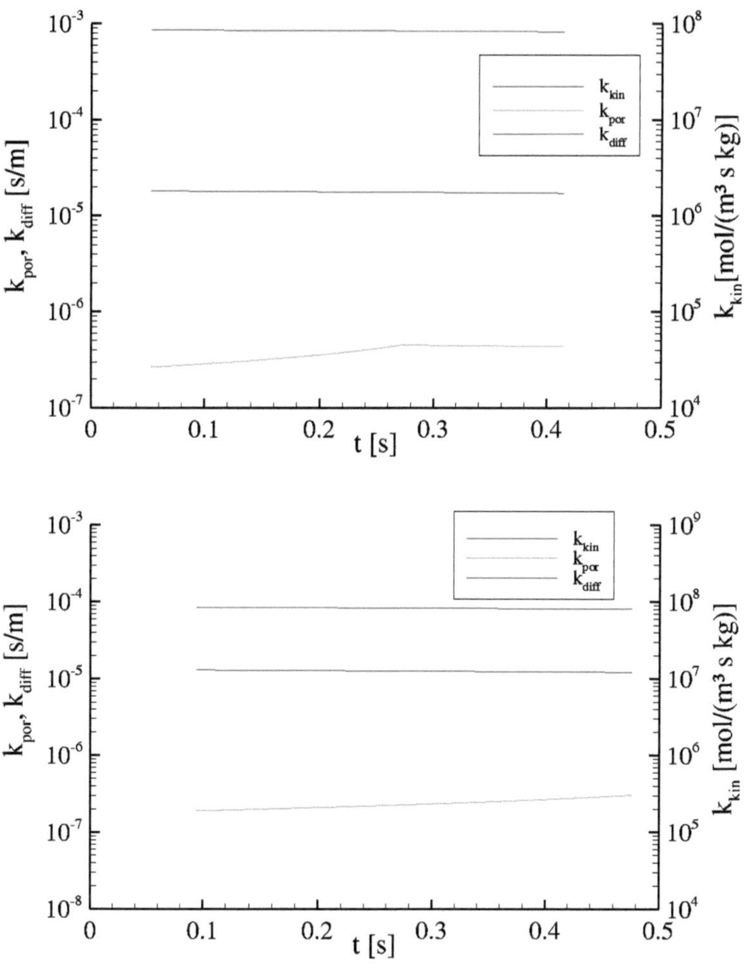

Abbildung 6.7.: Vergleich der Reaktionsgeschwindigkeiten von chemischer Reaktion, Porendiffusion und Grenzschichtdiffusion für den Abbau von FeO, oben in einem 65 μm-Partikel, unten in einem 90 μm-Partikel.

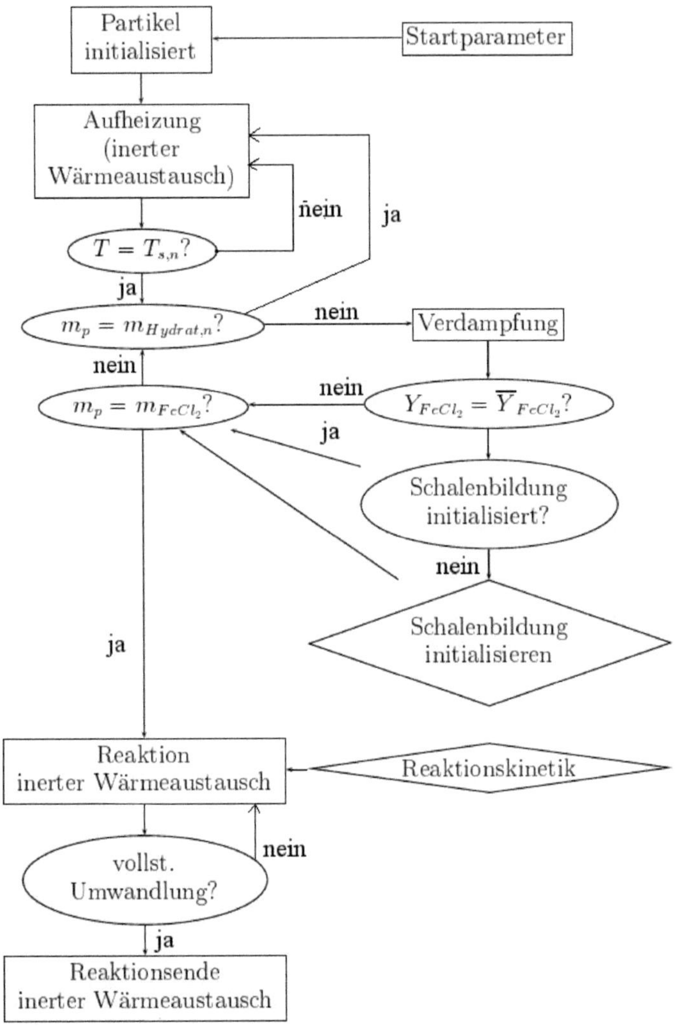

Abbildung 6.8.: Flussdiagramm der Modellierung der diskreten Phase.

6.3. Modellierung des Laborreaktors

Der Laborreaktor entspricht einem laminar durchströmten Fallrohrreaktor. Die Experimente wurden mit zwei Fallrohrlängen ($1\,m$ und $1,5\,m$) durchgeführt. Für beide Fallrohre wurden separat hexagonale Berchnungsgitter mit 35.000 bzw. 50.000 Berechnugszellen erstellt. Dieser Schritt wurde durchgeführt, da die Proben 1 und 5 bzw. 4 und 6 zwar in Atmosphären gleicher Zusammensetzung erzeugt wurden (Tabelle 4.1), aber die Wärmeleitung durch die Reaktorwand bei längerem Fallrohr durch Isolation minimiert wurde (Kapitel 4.1.1). Für beide Fallrohre wurde der Wärmeverlust durch die Wand mittels freier Konvektion berechnet. Dazu wurden ein Wärmeübergangskoeffizient $\alpha = 6\,Wm^{-2}K^{-1}$ und eine Wanddicke des Quarzglasrohres von $d_W = 2,5\,mm$ benutzt, sowie $\alpha = 2,7\,Wm^{-2}K^{-1}$ und $d_W = 15\,mm$ im Fall des isolierten Rohres. Die Temperatur der umgebende Raumluft wurde mit $300\,K$ angenommen. Vergleiche der am Rohrausgang in Fluent berechneten Temperaturen mit Messungen mittels eines Thermoelements zeigten relativ gute Übereinstimmungen mit Abweichungen von weniger als $10\,\%$.
Die Eingangsmassenströme sowie Temperaturen der Gasphase am Fallrohranfang wurden nach Tabelle 4.1 berechnet. Die Partikel wurden mittels des Partikelbildungsmodells aus Abbildung 6.8 simuliert.

Abbildung 6.9 zeigt den zeitlichen Verlauf der Partikeltemperatur und Dichte eines Partikels mit $90\,\mu m$ Anfangsdurchmesser. Der Temperaturverlauf zeigt in den ersten $0,175\,s$ vier Zeitspannen konstanter Temperatur. Diese entsprechen den Verdampfungstemperaturen des freien Wassers bzw. der Kristallwasserstufen. Nach Verlust des letzten Kristallwassers nach $0,175\,s$ nimmt die Temperatur des Partikels umgehend zu. Zu diesem Zeitpunkt beginnt die Umwandlung von $FeCl_2$ zu Fe_2O_3. In Abbildung 6.1 wurde bereits gezeigt, dass die Partikeltemperatur der Gastemperatur bis auf wenige Prozent entspricht. Die Dichte des Partikels beginnt nach ca. $25\,ms$ zu steigen. Nach dieser Zeit ist die Partikeltemperatur auf $373\,K$ gestiegen und durch die Verdampfung von Wasser nimmt die Konzentration von $FeCl_2$ zu. Der Dichteverlauf zeigt ebenfalls kurze Phasen der Stagnation, diese fallen zusammen mit den Phasen steigender Temperatur, also inerter Aufheizung ohne Massenverlust und Konzentrationsänderung.

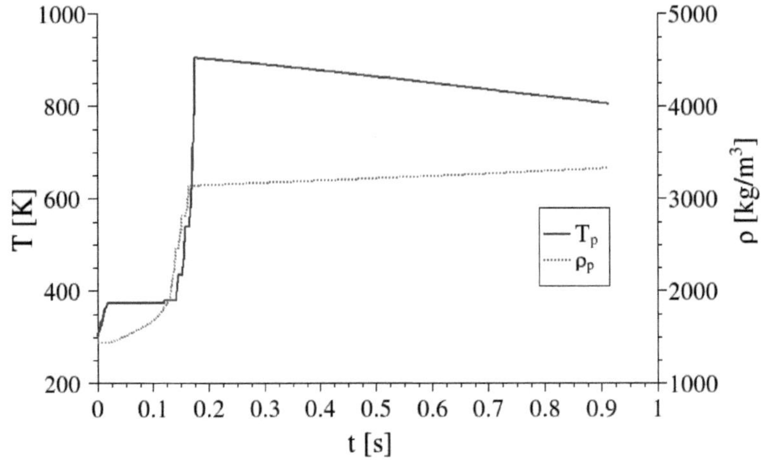

Abbildung 6.9.: Zeitlicher Verlauf von Partikeltemperatur und Dichte für ein Partikel mit $90\,\mu m$ Anfangsdurchmesser.

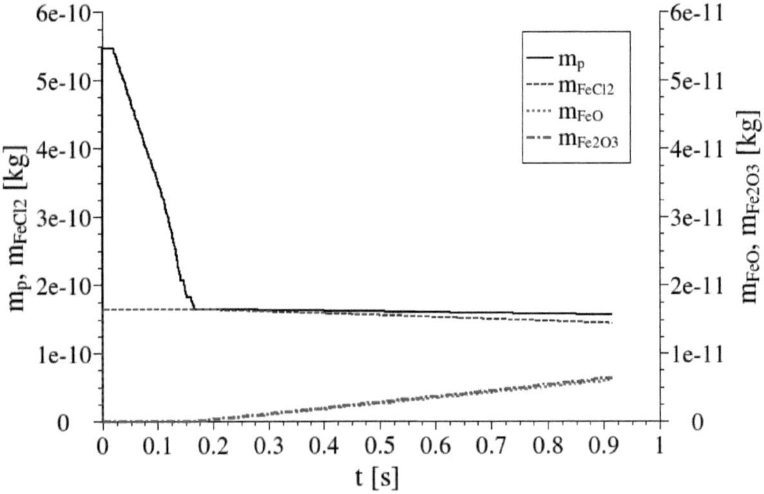

Abbildung 6.10.: Zeitlicher Verlauf der Massenbestandteile für ein Partikel mit $90\,\mu m$ Anfangsdurchmesser.

Die Masse des gesamten Partikels sowie der Komponenten $FeCl_2$, FeO und Fe_2O_3 ist in Abbildung 6.10 in ihrem zeitlichen Verlauf dargestellt. Die Partikelmasse nimmt anfangs ab, unterbrochen von den kurzen Phasen inerter Aufheizung, die schon in den Verläufen von Temperatur und Dichte charakteristisch waren. Die rapide Abnahme der Partikelmasse wird mit Einsetzen der chemischen Reaktion beendet. Ab diesem Zeitpunkt nimmt die Masse von Eisenchlorid stetig ab, während die Eisenoxide zunehmend gebildet werden. Die Endzusammensetzung wird am Ende dieses Abschnitts diskutiert.

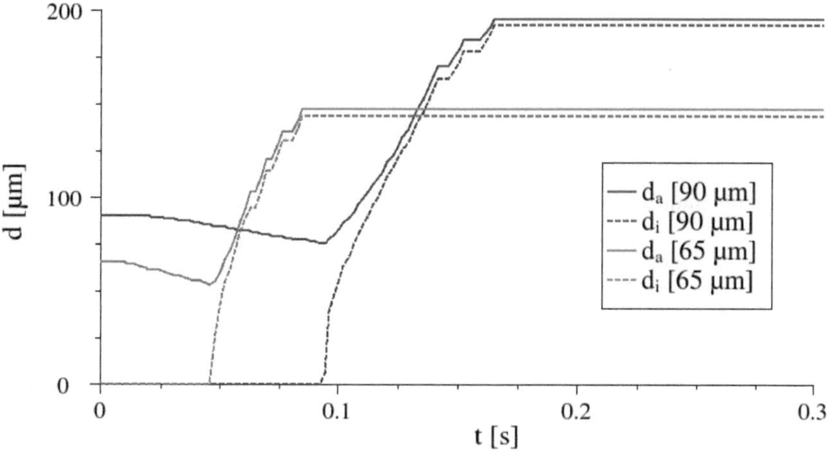

Abbildung 6.11.: Zeitlicher Verlauf der Innen- und Außendurchmesser für Partikel mit $90\,\mu m$ und $65\,\mu m$ Anfangsdurchmesser.

Die Änderung der Partikeldurchmesser für Partikel sowohl mit $90\,\mu m$ als auch $65\,\mu m$ ist in Abbildung 6.11 dargestellt. Die Außendurchmesser beider Partikelgrößen bleiben konstant bis zum Erreichen der Siedetemperatur. Darauf folgt eine Abnahme des Durchmessers bis zu dem Wert, bei dem die Bildung einer festen Schale einsetzt (Kapitel 6.2.1). Die fortschreitende Massenabnahme allein würde ausreichen, um die Bildung einer Hohlkugel zu initiieren, die weitere Ausdehnung der festen Schale verstärkt diesen Effekt noch. Der Verlauf der berechneten Innendurchmesser ist ebenfalls in Abbildung 6.11 gezeigt. Der finale Wert der Außen- und Innendurchmesser entspricht den experimentellen Ergebnissen aus Kapitel 5.1.

Die Abbildungen 6.12 und 6.13 zeigen die Verläufe von Temperatur, Dichte und Massen für ein Partikel mit 65 μm Anfangsdurchmesser. Grundsätzlich werden die gleichen Stadien durchlaufen, allerdings in kürzeren Zeitspannen. Daher ist für das kleinere Partikel im finalen Stadium auch der Anteil der Eisenoxide verglichen mit Eisenchlorid deutlich größer.

Aus Simulationen mit den in Tabelle 4.1 aufgeführten Randbedingungen konnten die Konzentrationen der Komponenten $FeCl_2$, FeO und Fe_2O_3 in den Partikeln nach Verlassen des Reaktors bestimmt werden. Die Ergebnisse sind in Abbildung 6.14 graphisch dargestellt. Dabei wurden sowohl die Messwerte aus dem Röntgendiffraktometer als auch die Simulationsergebnisse der Partikel im Laborreaktor (es wurden je 20 Partikel mittels Random-Walk-Modell berechnet, um die statistische Streuung erfassen zu können) um Fehlerbalken ergänzt. Die Fehlerbalken der Messergebnisse betragen jeweils 5 mol $-\%$ absolut[5]. Für die Simulationsergebnisse wurde als Fehler die Streuung mit 1 σ angenommen.

[5]persönliche Kommunikation D. Kirchner, *Deutsche Montan-Technologie, Bochum*

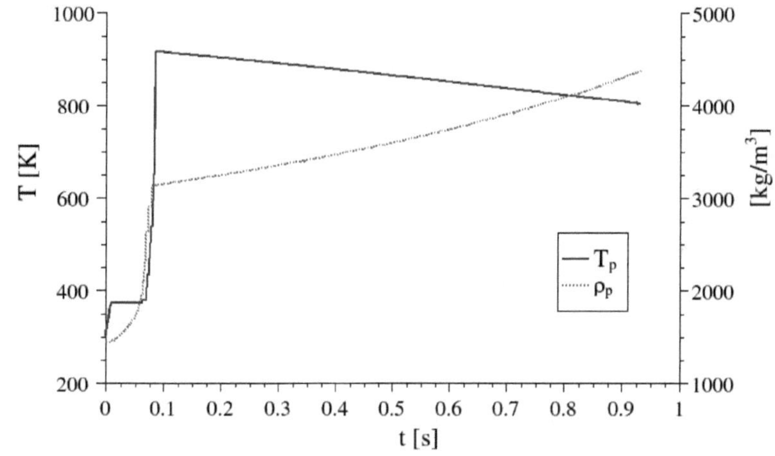

Abbildung 6.12.: Zeitlicher Verlauf von Partikeltemperatur und Dichte für ein Partikel mit 65 μm Anfangsdurchmesser.

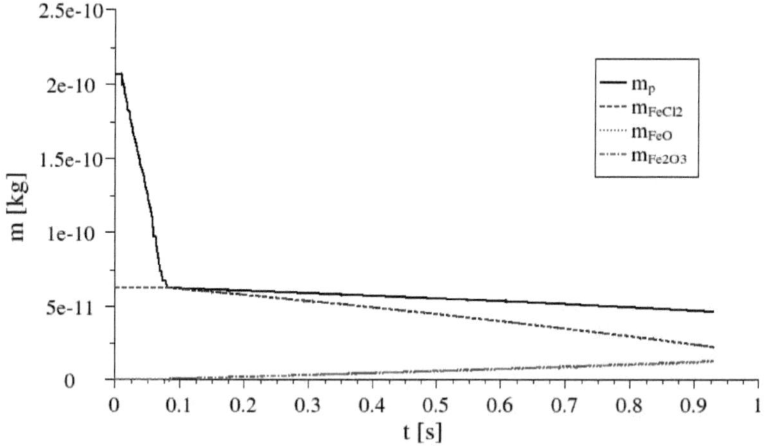

Abbildung 6.13.: Zeitlicher Verlauf der Massenbestandteile für ein Partikel mit 65 μm Anfangsdurchmesser.

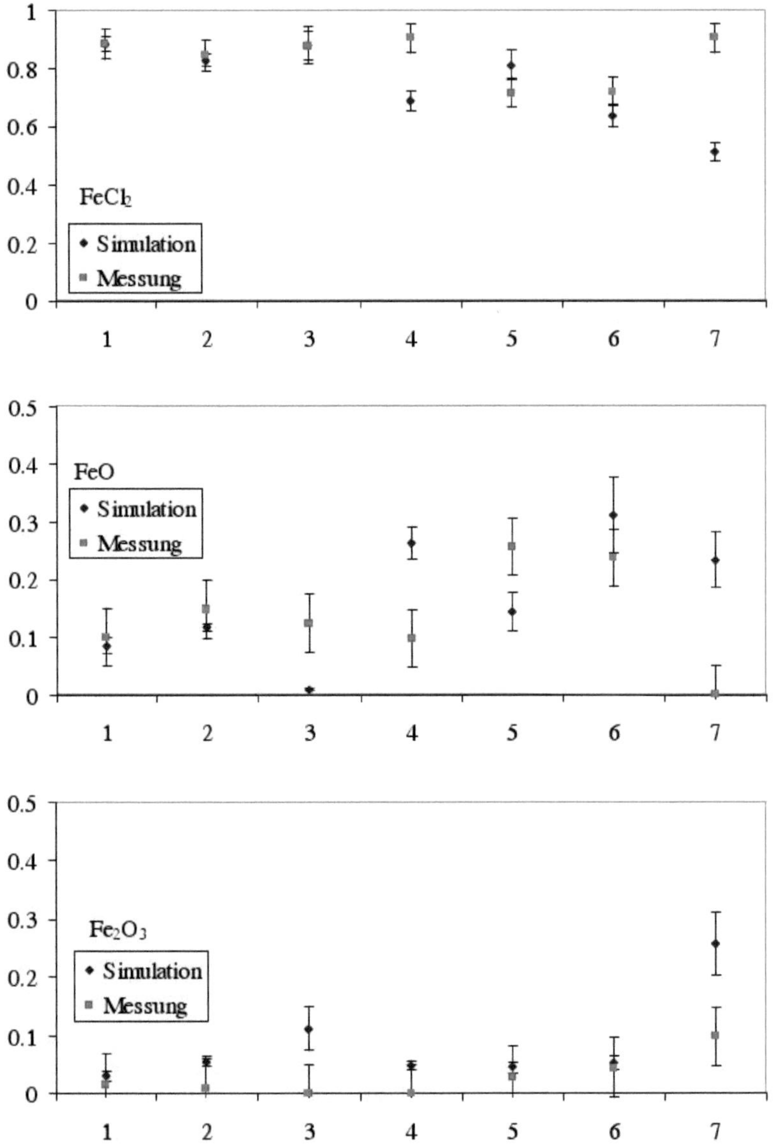

Abbildung 6.14.: Vergleich der Konzentrationen in [mol-%] der Komponenten $FeCl_2$, FeO und Fe_2O_3 (von oben nach unten) aus Simulation und röntgendiffraktometrischen Messungen.

Es zeigt sich, dass die Konzentration der einzelnen Stoffe tendenziell richtig abgebildet wurde. Die Konzentration von Eisenchlorid stimmt für die Proben 1 bis 3 gut zwischen Messung und Simulation überein. Für die Proben 5 und 6 (verlängertes Fallrohr, $d_p = 90\,\mu m$) liegt die Abweichung im Bereich der Unsicherheiten. Lediglich die Proben 4 und 7 zeigen dabei Abweichungen, die größer sind als die statistische Fehlertoleranz. Die Konzentration von Wüstit wird ebenfalls für die Proben 1, 2 und 6 im Bereich der Fehlergrenzen abgebildet, Probe 5 liegt knapp außerhalb dieser Toleranz. Die Proben 3, 4 und 7 zeigen stärkere Abweichungen zwischen Simulation und Messung. Die Werte für die simulierte Wüstitkonzentration liegen für die Proben 1, 5 und 6 nah an den Messwerten, die Proben zwei und vier zeigen immer noch eine Übereinstimmung im Bereich der Fehlergrenzen. Hier fallen wiederum die Proben 3 und 7 heraus.

Wie bereits in Kapitel 5.2 gezeigt wurde, weisen die Messwerte keine signifikanten Abhängigkeiten von der Zusammensetzung der Gasphase auf. Die Simulation bewertet dagegen die Reaktionsatmosphäre deutlicher, so dass sich für die Proben 3 (relativ hoher O_2- und niedriger H_2O-Gehalt) und 4 (relativ niedriger O_2- und hoher H_2O-Gehalt) die stärksten Abweichungen ergeben. Für Probe 7 gilt das gleiche wie für Probe 4. Die Ursache dafür ist bislang nicht eindeutig identifiziert. Möglicherweise sorgt das immer noch in den Partikeln enthaltene Kristallwasser (Kapitel 5.2) dafür, dass sich ein zusätzlicher Strom entweichenden Wasserdampfes vom Partikel in die Gasphase einstellt, der den für die Bildung von Eisenoxiden notwendigen Transport von Sauerstoff zum Partikel unterbindet. Dies würde dazu führen, dass die reale Konzentration der involvierten Spezies an der Partikeloberfläche von der in der Simulation abweicht.

7. Numerische Simulation industrieller Anlagen

Die Motivation zur Modellierung des Sprühröstprozesses eisenchloridhaltiger Lösungen liegt in der Beschreibung industrieller Anlagen. Insbesondere ist der Einfluss von Veränderungen im Anlagendesign von Interesse. Das entwickelte Modell ist in der Lage, im Laborreaktor beobachtete, charakteristische Merkmale der Partikelbildung und des anschließenden Röstprozesses abzubilden. Der Übertrag auf das Modell eines industriell nutzbaren Reaktors ist daher der nächst wichtige Schritt, an dem die Funktion des Modells gezeigt wird.

7.1. Der Reaktor „Andritz-Ruthner 6000"

Der beschriebene Reaktor entspricht dem Ruthner-Typ ([68], vgl. Kapitel 2.1). Er gehört zu einem Gesamtsystem, mit dem 6 m^3 verbrauchte Beizlösung pro Stunde regeneriert werden können. Der Reaktor verfügt über drei Brenner, die zur Erzeugung einer um die Vertikale rotierenden Gaswalze im unteren Bereich des zylindrischen Bauteils tangential im Abstand von 120° angeordnet sind. Unterhalb der Brennerebene verjüngt sich der Reaktor konisch. Am unteren Ende befindet sich die Öffnung zum Austrag der abgerösteten Partikel. Das obere Ende des Reaktors ist ebenfalls konisch verjüngt. Wiederum oberhalb folgt der Austritt, aus dem sowohl die regenerierte Salzsäure als auch das Heißgas den Reaktor verlassen. Ein Schema der Anlage ist in Abbildung 7.1 dargestellt. Für die Berechnungen wurde ein Gitter aus ca. 650.000 Hexaeder-Zellen erstellt. Die Brennkammern wurden nicht komplett simuliert. Anstelle der ca. 2 m langen Brennräume, in denen eine teilweise Vorverbrennung des Brennstoffs erfolgt, wurde lediglich ein 30 cm langer Ansatz an den Hauptreaktor mit berechnet. Daher wurde das zugeführte Brennstoff-Luft-Gemisch als teilreagiert angenommen.

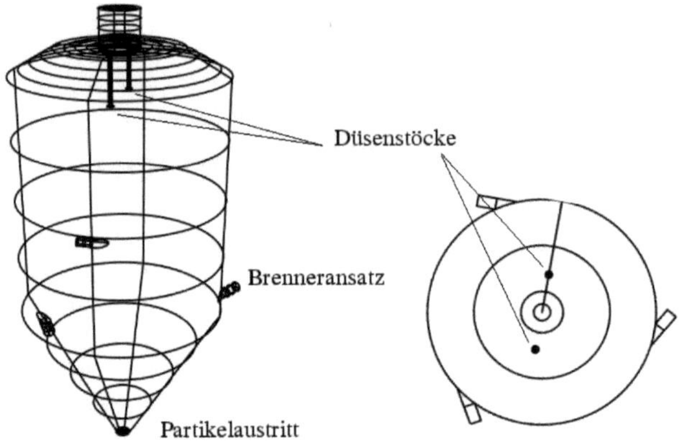

Abbildung 7.1.: Schematische Darstellung des berechneten Reaktors Andritz-Ruthner 6000 in Perspektive (links) und Draufsicht.

Alle betrachteten Fälle wurden mit zwei Düsenstöcken berechnet, die von der Mittelachse nach außen versetzt im oberen Drittel des Reaktors angebracht sind. Der Normalenvektor des Sprühkegels zeigte stets nach unten, der Öffnungswinkel des Sprühkegels betrug jeweils 22,5°. Die Tropfengeschwindigkeit wurde mit 10 m/s angenommen. Da die Tropfengrößenverteilung einen Bereich von ca. 30-700 μm abdeckt (Abbildung 7.2), wurden zur vollständigen Beschreibung des Reaktors die diskreten Tropfengrößen 33, 175, 317, 458 und 600 μm gewählt.

Der Energiebedarf für die vollständige Abröstung beträgt nach Jedlicka [40] ca. $3,14 * 10^9 J/m^3$ verbrauchter Lösung. Umgerechnet auf die dem Reaktor zugeführte Menge Beizlösung von 4,135 m^3/h - die Lösung wird vorab im Regenerationskreislauf weiter aufkonzentriert - beträgt der Energiebedarf 2,9 $MJ/l_{\text{Lösung}}$. Die Lösung hat unter diesen Bedingungen bei der Reaktoraufgabe eine Dichte von 1368 kg/m^3. Der Massenanteil von $FeCl_2$ beträgt 28,9 %.

Die Energiezufuhr des Reaktors wurde in allen Simulationsrechnungen mittels Methan realisiert. Diese Vereinfachung wurde getroffen, da zum einen die Auswahl des Brennstoffs nicht fest vorgegeben ist (vgl. Kapitel 2.1), weiterhin die Modellierung eines Gemisches von Kohlenwasserstoffen zu erhöhtem numerischen Aufwand führt, und letztendlich nur die Zusammensetzung, die Temperatur und der Austrittsimpuls des Gasgemisches am

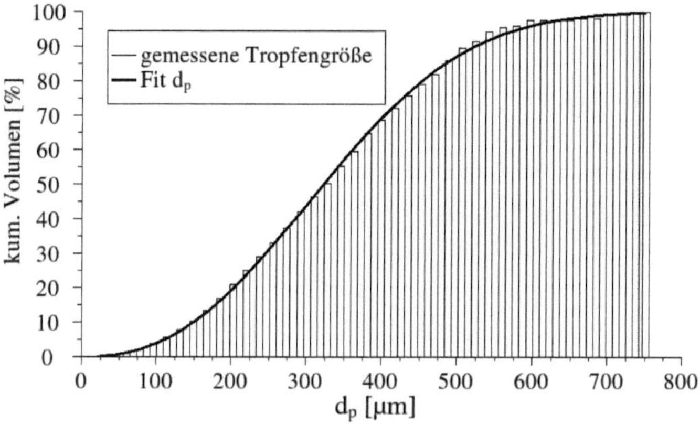

Abbildung 7.2.: Typische Tropfengrößenverteilung in einem Sprühröstreaktor, aufgetragen sind das kummulative Volumen einer gemessenen Verteilung (Säulen) und die daran angepasste Rosin-Rammler-Funktion.

	Luft	CH_4
T [K]	298	298
$\dot{m}$ $\left[\frac{kg}{s}\right]$	2,796	0,1046
$\dot{m}$/Brenner $[kg/s]$	0,967	

	Y_i
CH_4	1,91
O_2	14,51
CO_2	5,22
N_2	74,07
H_2O	4,28
T [K]	1105

Tabelle 7.1.: Eingangsmassenströme von Luft und Methan (links), Zusammensetzung des teilverbrannten Gemisches (rechts).

Brennermund Einfluss auf die Bedingungen im Reaktor haben. Die Zusammensetzung des Heißgases, das an der Eintrittsfläche in den Reaktor als zur Hälfte ausgebrannt angenommen wurde, ist in Tabelle 7.1 zusammengefasst. Der Ausbrandgrad wurde nach Angaben des Reaktorherstellers gewählt, da ein höherer Grad an Vorverbrennung zu Schäden an den feuerfesten Verkleidungen der Reaktorwand im Bereich der Brennermündung führen würde.

Die nachfolgend präsentierten numerischen Simulationen umfassen drei verschiedene Konfigurationen. Diese zeigen, dass sich die Auswirkungen von Veränderungen der Reaktorgeometrie mittels des erstellten Modells zur Partikelabröstung beschreiben lassen.

Die Ausgangskonfiguration entspricht dem Reaktor, wie er in Abbildung 7.1 gezeigt wird. Es handelt sich um eine Ausführung, deren oberer Konus nicht vollständig ausgeprägt ist, sondern nach der Hälfte der Bauhöhe durch einen flachen Deckel abgeschlossen wird, in den mittig der Austritt für Heißgas und Salzsäure eingesetzt ist.

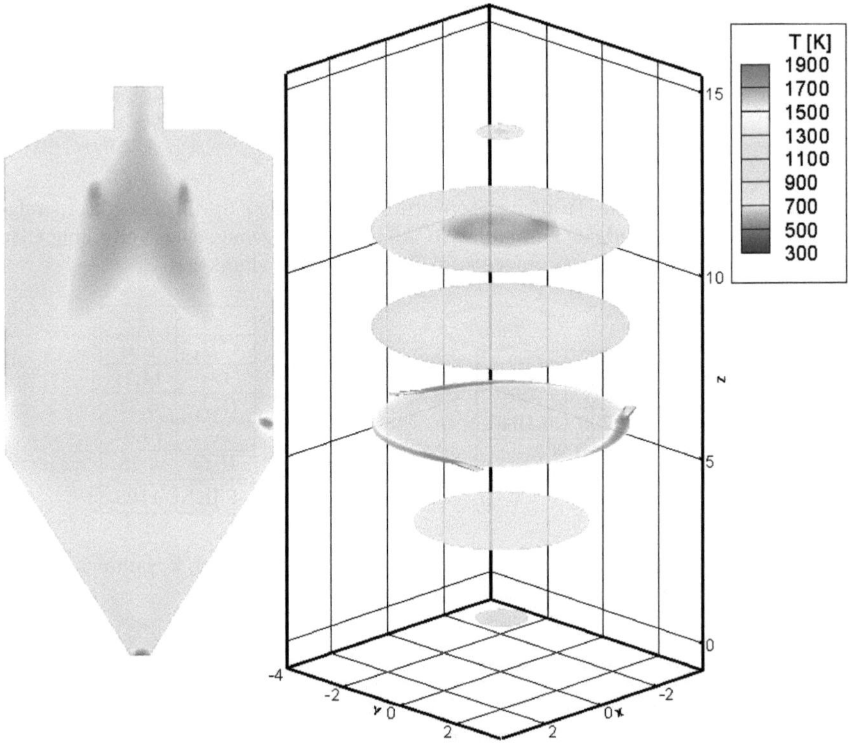

Abbildung 7.3.: Temperaturprofile des senkrechten Schnitts und ausgewählter Ebenen. Die Punkte tiefster Temperatur im oberen Reaktordrittel markieren die Düsenstöcke.

Abbildung 7.3 zeigt den Temperaturverlauf im senkrechten Schnitt entlang der Reaktormittelachse und waagerechte Schnitte durch verschiedene Reaktorebenen. Im Bereich der Düsenstöcke bildet sich abgesehen vom Partikelauslass, durch den im Betrieb ein geringer Falschluftstrom eintritt, die kälteste Zone im Reaktor. Die Temperatur liegt hier bei ca. 600 K. Verursacht wird diese Zone durch die Verdampfung des in den kleinsten Partikeln enthaltenen Wassers. Von den Düsenstöcken abwärts in Richtung der Brenner steigt die Gastemperatur langsam an. Im Bereich der Brennerebene und darunter beträgt die Durchschnittstemperatur dann ca. 1200 K. Es zeigt sich, dass ein Teil des heißen Gases entlang der Reaktorwände zum oberen Austritt aufsteigt.

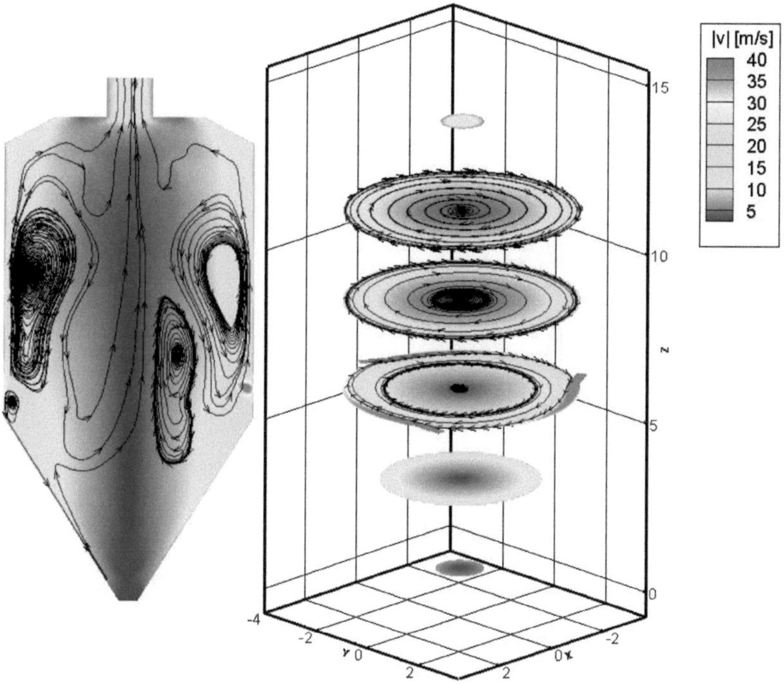

Abbildung 7.4.: Betrag der Gasgeschwindigkeit und Stromfäden zur Verdeutlichung der Strömungsrichtung, die Orientierung entspricht den Ebenen aus Abbildung 7.3.

Der Eindruck aufsteigenden Gases an der Reaktorwand wird in Abbildung 7.4 besonders deutlich. Die Abbildung zeigt den Betrag der Gasgeschwindigkeit $v_g = \sqrt{v_x^2 + v_y^2 + v_z^2}$ sowie Stromfäden[1] innerhalb der Ebenen.

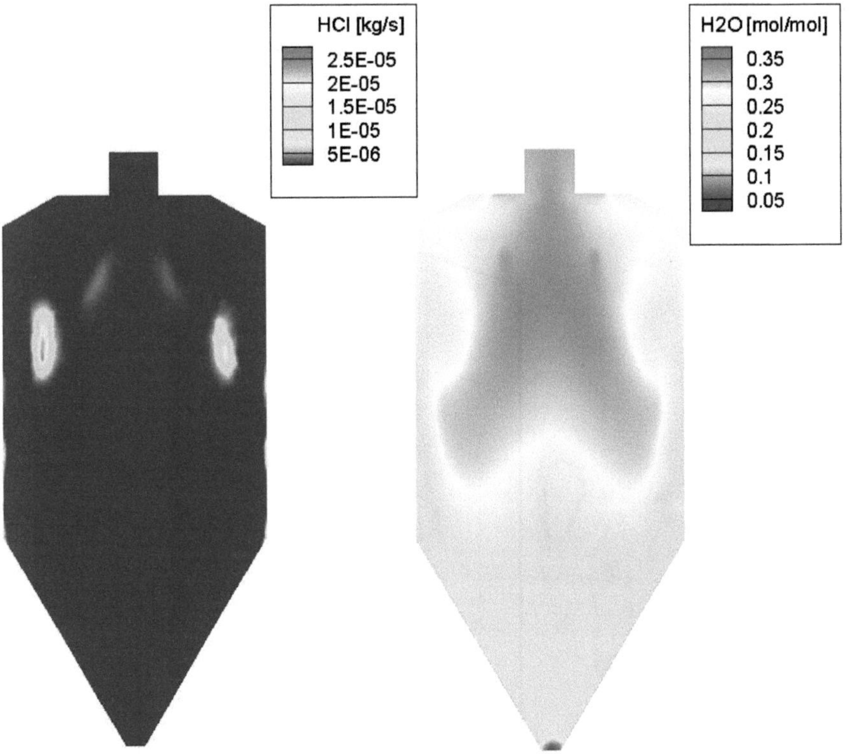

Abbildung 7.5.: Freisetzungsrate von Salzsäure (links) und Konzentration von Wasserdampf.

Die Gasgeschwindigkeit entlang der Reaktormittelachse beträgt etwa 5 m/s und nimmt in radialer Richtung zu. Im oberen Bereich des Reaktors steigt sie dabei auf ca. 12 m/s, während innerhalb der Brennerebene, direkt vor den Brennermündungen, bis zu 55 m/s

[1]Stromfäden stellen die Trajektorien masseloser Partikel in der Strömung dar.

vorliegen. Dabei zeigt sich, dass neben der aufwärts gerichteten Strömung an den Reaktorwänden auch in der Reaktormitte, zwischen den Düsenstöcken, Gas zum oberen Reaktorausgang aufsteigt, wie anhand der Stromfäden zu sehen ist. Die Stromfäden in den waagerechten Profilen zeigen, dass die Partikel in der Brennerebene der Gasphase nach außen folgen, während in den höher gelegenen Ebenen auch Bewegungen in Richtung der Reaktormitte möglich sind. Bedingt ist dies durch den mittig aufwärts gerichteten Gasstrom, der auch Partikel zwischen den Düsenstöcken nach oben transportiert. Insgesamt führen die aufwärts gerichteten Strömungen dazu, dass einige der Partikel den Reaktor am oberen Reaktorende ungewollt verlassen und später aus dem Gas abgeschieden und in den Reaktor zurückgeführt werden müssen.

Ein wichtiges Ergebnis, das durch Messungen nicht direkt zugänglich ist, liefert die Simulation in Bezug auf die Konzentrationen der involvierten Spezies. Abbildung 7.5 zeigt die Freisetzungsrate von HCl und die molare Konzentration von Wasserdampf in der senkrechten Schnittebene durch die Düsenstöcke. In der hier betrachteten Geometrie werden bis zu $2,5 * 10^{-5}\,kg/s\ HCl$ in die Gasphase freigesetzt. Dabei liegt in der betrachteten Ebene ein Maximum unterhalb der Düsenstöcke und radial nach außen gerichtet. Weitere Zonen mit sichtbarer HCl-Freisetzung befinden sich zwischen den Düsenstöcken und weiter im unteren Teil des Reaktors in der Nähe der Reaktorwände. Diese rühren von Partikeln her, die zum Zeitpunkt des Wandkontaktes noch Reste von Eisenchlorid aufwiesen.

Exemplarische Trajektorien von Partikeln der Durchmesser $33\,\mu m$, $317\,\mu m$ und $600\,\mu m$ sind in den Abbildungen 7.6 und 7.7 grafisch dargestellt. Um die Übersichtlichkeit zu wahren, wurden jeweils 10 Partikel mit einer Flugdauer von $5\,s$ im Reaktorumriss gezeigt. Dabei wurden sowohl der Weg im Reaktor als auch die Temperaturhistorie der Partikel beschrieben. Es zeigt sich, dass die Partikel mit zunehmendem Anfangsdurchmesser vermehrt der Schwerkraft folgen, wie es auch zu erwarten ist. Die kleinsten der dargestellten Partikel benötigen am längsten, um in den Bereich der Brennerebene zu gelangen, und werden von dort wieder in höhere Regionen des Reaktors getragen. Die mittlere Größenfraktion fällt schneller in Richtung Reaktorebene, auch von dieser Fraktion werden Partikel teilweise wieder in höhere Regionen gehoben. Die Partikel der größten Fraktion fallen relativ ungestört bis unter die Brennerebene. Dort erst werden sie von der Rotation der Gasphase erfasst und fallen auf einer Spiralbahn bereits nach dieser Zeitspanne aus dem Reaktor.

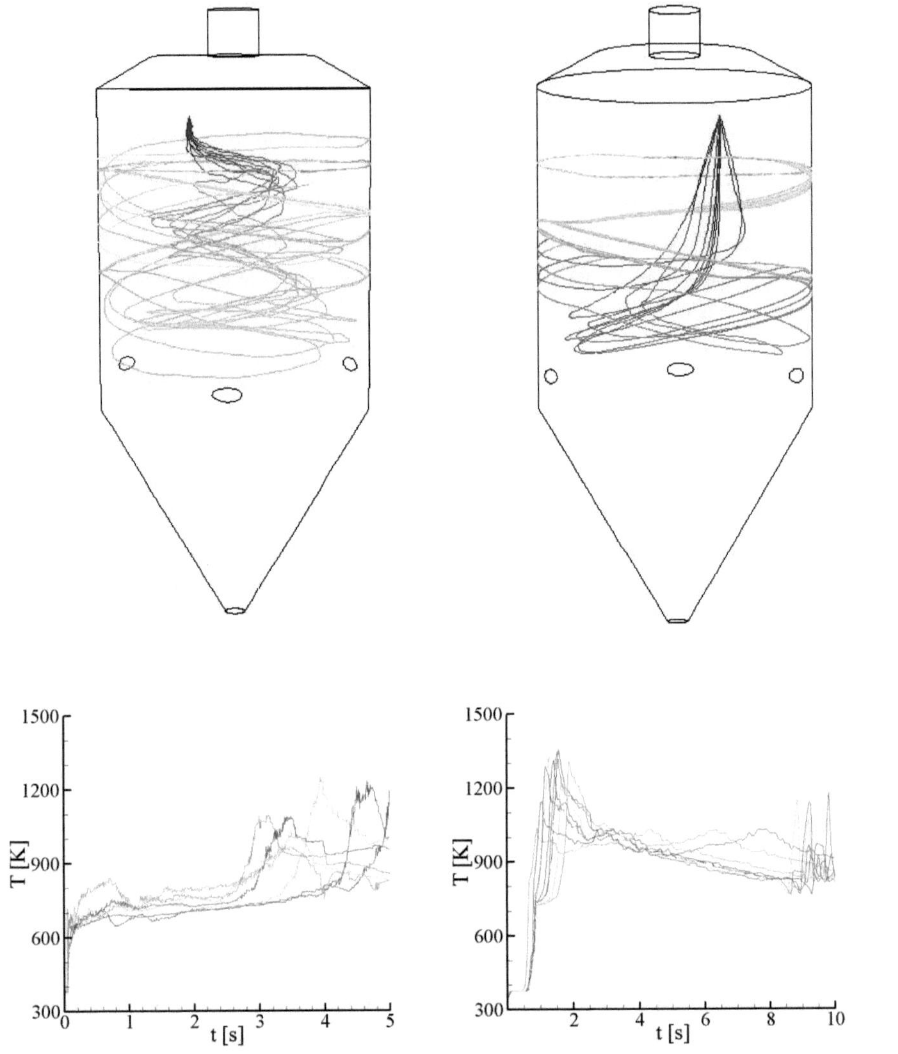

Abbildung 7.6.: Partikelbahnen (oben) und Partikeltemperaturen in Abhängigkeit von der Flugzeit im Reaktor in Ausgangskonfiguration. Gezeigt sind die Trajektorien von Partikeln mit $d_p = 33\,\mu m$ (links) und $d_p = 317\,\mu m$.

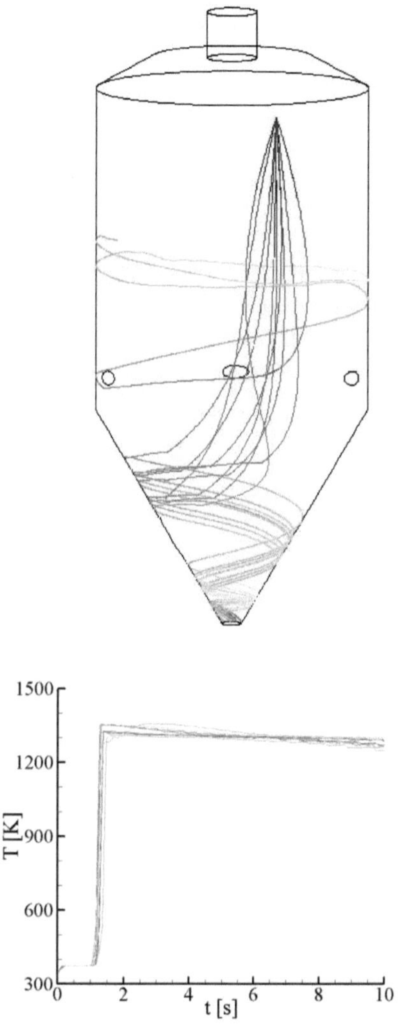

Abbildung 7.7.: Partikelbahnen (oben) und Partikeltemperaturen in Abhängigkeit von der Flugzeit im Reaktor in Ausgangskonfiguration, $d_p = 600\,\mu m$.

Auch der Temperaturverlauf variiert mit der anfänglichen Partikelgröße. Die Temperatur der kleinsten Partikel steigt zwar relativ rasch auf ca. $700\,K$, allerdings verändern sie ihre Temperatur danach nur wenig. Dies lässt sich auf den Aufenthalt der Partikel im Zentralbereich des Reaktors mit anschließendem Aufstieg in höhere Regionen, in denen geringere Temperaturen herrschen, zurückführen.

Die Partikel mittlerer Fraktion zeigen wie zu erwarten eine längere Dauer der Wasserverdampfung bei $T = 373\,K$, gefolgt von einem Temperaturanstieg, der die Partikel zu Beginn mit einer gewissen zeitlichen Streuung auf Temperaturen zwischen 1000 und 1400 K hebt. In dieser Phase kommen die Partikel der Brennerzone sehr nah. Danach fällt die Temperatur auf knapp unter 1000 K ab, nur wenige Partikel zeigen danach noch leichte Temperatursprünge. Die größte Partikelfraktion zeigt ein sehr homogenes Verhalten bezüglich der Partikeltemperatur, wie schon die Trajektorien der Partikel im Reaktor nahelegen. Nach der langen Verdampfungsphase steigt die Temperatur an und fällt dann langsam zum Reaktorausgang hin ab.

Der Reaktor wurde auf den Partikelaustrag durch den Ofenkopf überprüft. Partikel, die von der Strömung fälschlicherweise dort hinein transportiert werden, müssen aus dem Heißgas abgeschieden und in den Reaktor zurückgeführt werden. Es besteht die Möglichkeit, dass die Partikel noch eine Restfeuchte besitzen und im oberen Bereich an den Reaktorwänden anbacken, was den Betrieb erheblich beeinträchtigen kann. In dieser Konfiguration entweichen 9 % der Partikel aus der Größenfraktion um 33 μm und 0,3 % aus der darauf folgenden Fraktion durch den oberen Reaktorkopf.

Durch Bilanzierung der Partikel bei Austritt aus dem unteren Reaktorende konnte der Restchlorgehalt bestimmt werden. Dafür wurden je 200 Partikel der fünf beschriebenen Größenklassen bei Verlassen des Reaktors auf ihren $FeCl_2$-Gehalt untersucht. Dieser wurde über alle Partikel gemittelt. Jede der simulierten Größenfraktionen wurde gemäß ihres Anteils an der Partikelgrößenverteilung (Abbildung 7.2) gewichtet. Damit konnte errechnet werden, dass die Partikel diesen Reaktortyp mit einem Restchlorgehalt verlassen, der 0,2 Massenprozent dessen entspricht, was mit der Lösung in den Reaktor eingebracht wurde. Dies ist ein akzeptabler Wert. Weiterhin konnte ermittelt werden, dass sich der Wüstitgehalt auf weniger als ein Massenprozent beläuft.

7.1.1. Einfluss der Verringerung des Düsenstockabstands

Im vorangegangenen Abschnitt wurde gezeigt, dass sich in einem Reaktor mit zwei Düsenstöcken zwischen diesen ein Zone bilden kann, durch die Partikel durch den oberen Reaktorausgang ausgetragen werden. Wie im Folgenden gezeigt wird, sind die Strömungsbedingungen im Bereich des Reaktorkopfes stark von der Anlagenkonfiguration in diesem Bereich abhängig. Zuerst wird eine Verringerung des Abstandes der Düsenstöcke von der Mittelachse um 1/3 des ursprünglichen Wertes untersucht.

Das aus der Verringerung des Düsenstockabstandes resultierende Temperaturprofil ist in Abbildung 7.8 dargestellt. Die Düsenstöcke treten wieder als kälteste Bereiche im oberen Reaktordrittel hervor, die Temperatur unmittelbar an den Düsenstöcken gleicht der in Abbildung 7.3. Unterhalb der Düsenstöcke ergibt sich aber ein deutlich abweichendes Bild. Die Temperaturverteilung ist homogener. Bereits unmittelbar unterhalb der Eindüsung steigt die Temperatur auf Werte um 900-950 K, dieses Temperaturniveau hat Bestand bis zur unteren Öffnung des Reaktors. Damit ist die Temperatur in der unteren Reaktorhälfte rund 250 K geringer als im Reaktor in der Ausgangskonfiguration.

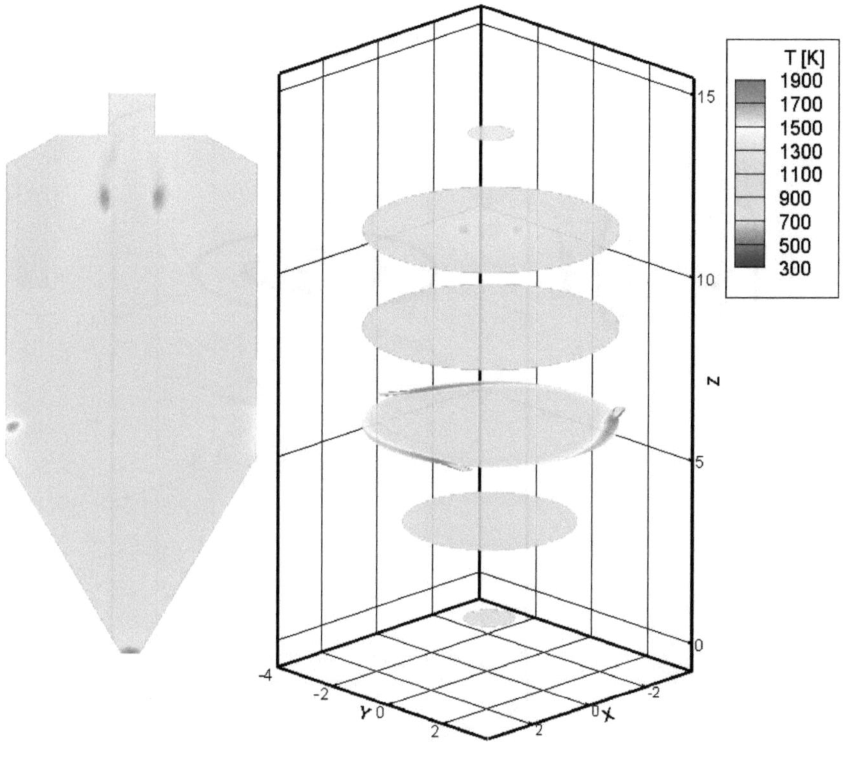

Abbildung 7.8.: Temperaturprofile des senkrechten Schnitts und ausgewählter Ebenen. Der Abstand der Düsenstocke ist um ein Drittel reduziert.

Der Betrag der Geschwindigkeit der Gasphase (Abbildung 7.9) unterscheidet sich deutlich von der vorab beschriebenen Reaktorkonfiguration. Der Bereich geringerer Gasgeschwindigkeiten entlang der Mittelachse ist weniger ausgeprägt. Die Gasgeschwindigkeit im Bereich der Reaktorwand ist ebenfalls höher, dafür sind die Gasgeschwindigkeiten unterhalb der Düsenstöcke geringer. Die ebenfalls in Abbildung 7.9 dargestellten Stromfäden zeigen, dass sich auch das Profil der z-Komponente der Gasgeschwindigkeit vom vorangehenden Fall unterscheidet. Verglichen mit Abbildung 7.4 bilden sich zwei Rezirkulationszonen weiter oberhalb, ungefähr auf Höhe der Düsenstöcke, deren Drehrichtung

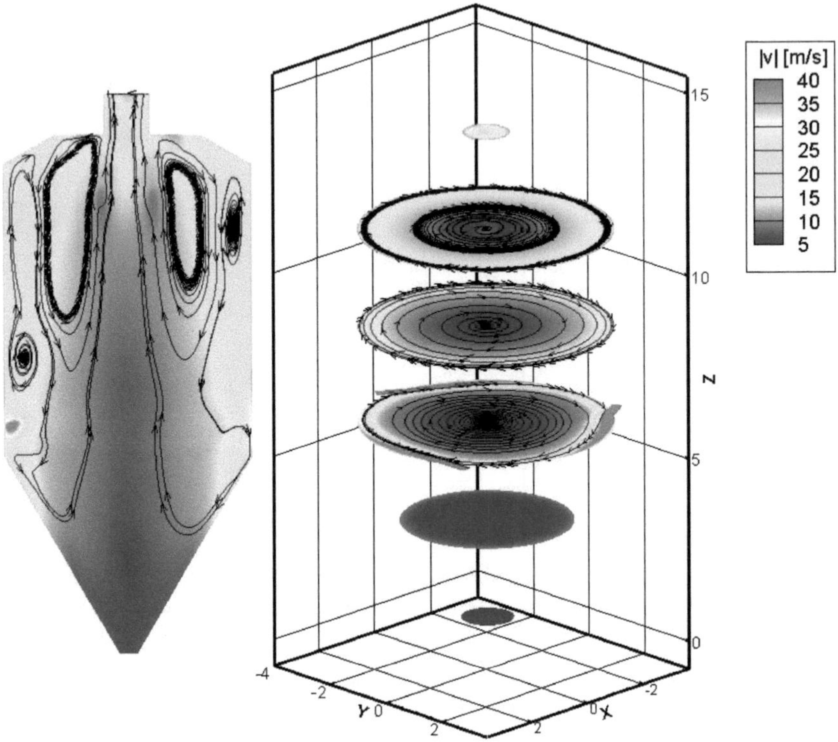

Abbildung 7.9.: Betrag der Gasgeschwindigkeit und Stromfäden, die Orientierung entspricht den Ebenen aus Abbildung 7.8.

aufwärts nach außen zeigt, während vorher zwei Wirbel ungefähr auf halber Höhe des Reaktors vorhanden sind, deren Drehrichtung aufwärts nach innen zeigt. In beiden Fällen ist die Strömung an der Reaktorwand aber aufwärts gerichtet. Es zeigt sich weiterhin, dass eine Minderung des Abstandes der Düsenstöcke nicht dazu führt, dass kein Gas mehr zwischen den Düsenstöcken aufsteigen kann.

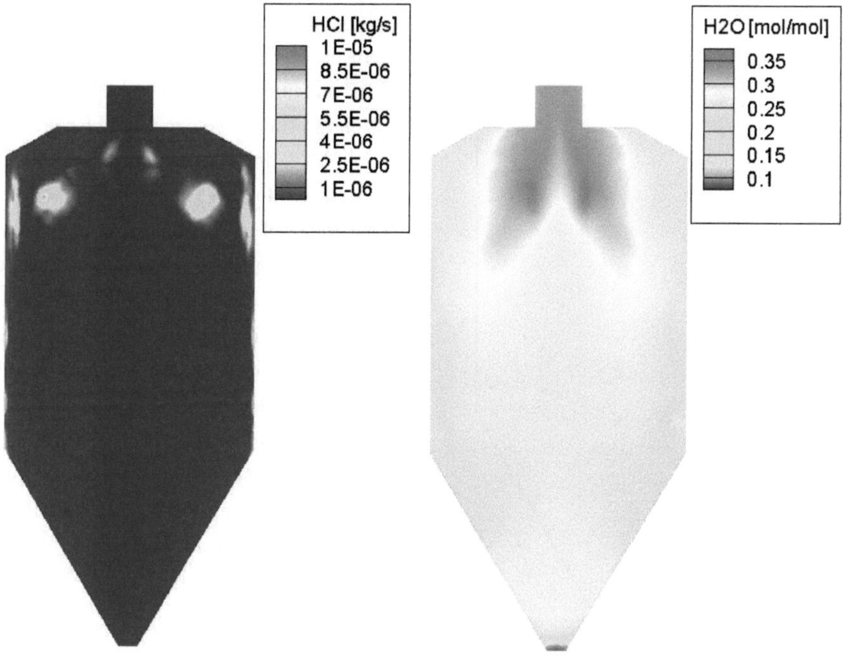

Abbildung 7.10.: Freisetzungsrate von Salzsäure (links) und Konzentration von Wasserdampf bei reduziertem Düsenstockabstand.

Für diese Reaktorkonfiguration wurden ebenfalls die Freisetzungrate von HCl und die Wasserdampfkonzentration untersucht (Abbildung 7.10). Die Zonen der größten Freisetzungsrate von HCl sind deutlich verschoben. Sie befinden sich in etwa auf Höhe der Düsenstöcke, einmal radial nach außen verlagert auf halbem Abstand zwischen Düsenstock und Wand, dort werden bis zu $10^{-5}\ kg/s\ HCl$ freigesetzt, und auf fast gleicher Höhe in unmittelbarer Wandnähe. Die Wasserdampfkonzentration zeigt sich ebenfalls deutlich verändert. Hohe Wasserdampfkonzentrationen von mehr als 0,3 mol/mol_{Gas} finden sich hier nur unmittelbar an den Düsenstöcken, bereits in geringem Abstand davon fällt der Wert deutlich ab. Die Abnahme der Wasserdampfkonzentration zum unteren Reaktorende hin ist aller-

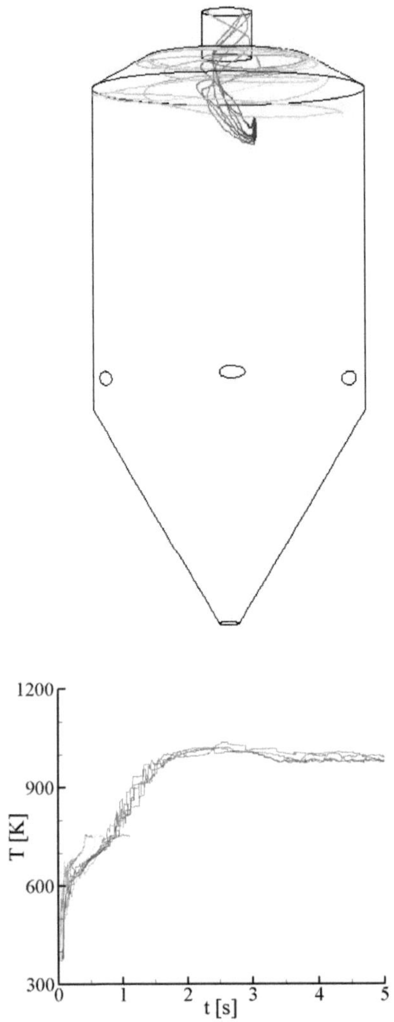

Abbildung 7.11.: Partikelbahnen (oben) und Partikeltemperaturen in Abhängigkeit von der Flugzeit im Reaktor mit verringertem Düsenstockabstand, $d_p = 33\,\mu m$.

dings weniger stark ausgeprägt. Die Abbildungen 7.11 und 7.12 zeigen die Partikeltrajektorien der drei Partikelgrößen $33\,\mu m$, $317\,\mu m$ und $600\,\mu m$. Die kleinsten Partikel steigen dabei sofort zum Reaktordeckel auf. 93 % der Partikel verlassen den Reaktor durch den oberen Auslass, ebenso 20 % der Partikel in der Fraktion bis $175\,\mu m$. Die Betrachtung der mittleren Partikelgröße zeigt, dass diese durch die höhere Rotationsgeschwindigkeit der Gasphase (Abbildung 7.9) schneller nach außen abgelenkt werden und weniger schnell absinken. Ein ähnliches Bild ergibt sich für die größten Partikel. Diese werden bereits auf Höhe der Brennerebene an die Wände des Reaktors gedrückt, früher als im ersten Fall.

Die Temperaturverläufe exemplarischer Partikel ähneln denen aus der ersten Reaktorkonfiguration. Sie unterscheiden sich aber dadurch, dass die Streuung verschiedener Partikel einer Größe zugenommen hat.

Die Simulation ergab weder einen Restchlorgehalt noch Wüstitanteile in Partikeln, die den Reaktor am unteren Ende verlassen. Bedingt durch die stärkere Rotation verbleiben die größeren Partikel länger im Reaktor, so dass auch diese abgeröstet werden. Diesem Vorteil steht aber der Nachteil des deutlich größeren Partikelaustrags durch den Ofenkopf gegenüber.

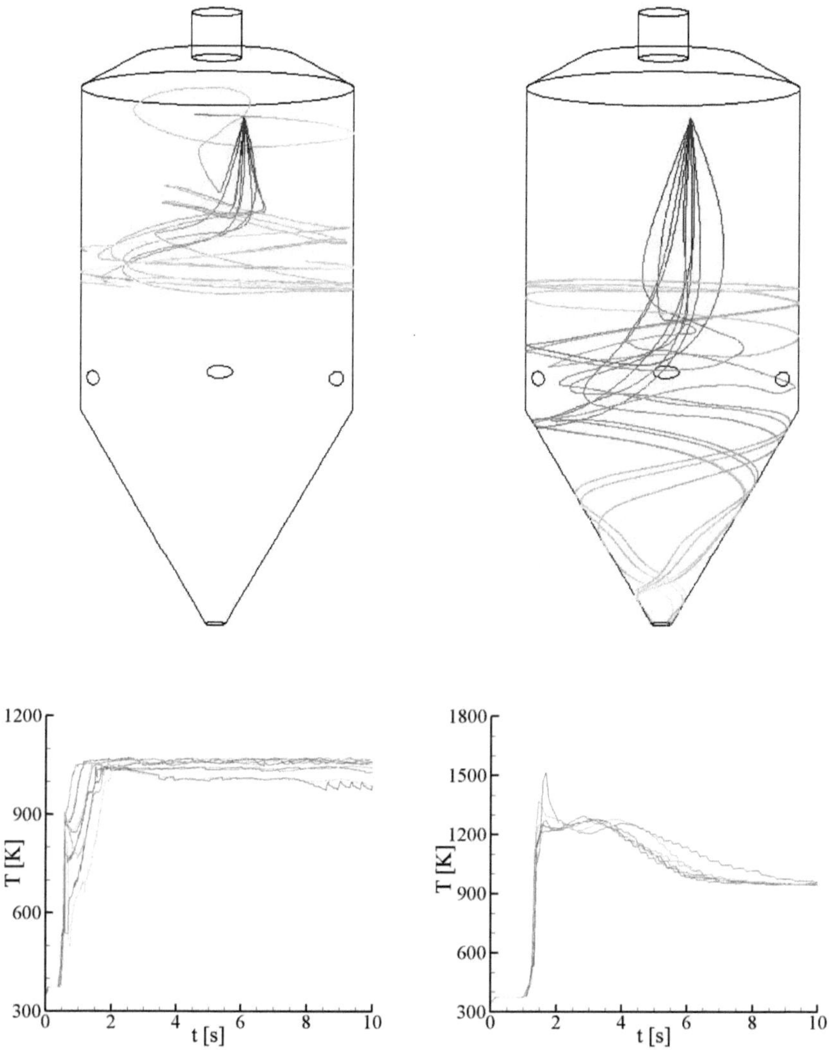

Abbildung 7.12.: Partikelbahnen (oben) und Partikeltemperaturen in Abhängigkeit von der Flugzeit im Reaktor mit verringertem Düsenstockabstand, $d_p = 317\,\mu m$ (links) und $d_p = 600\,\mu m$.

7.1.2. Reaktor mit konischem Kopf

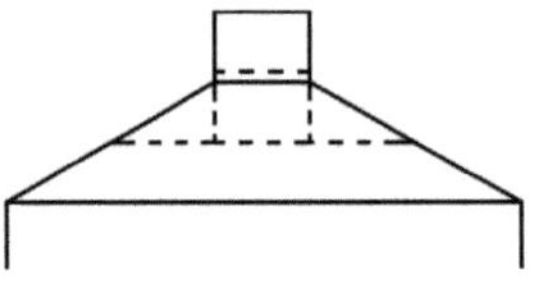

Abbildung 7.13.: Vergleich des ursprünglichen (gestrichelte Linie) mit dem komplett konischen Reaktorkopf.

Die zweite Änderung der Reaktorgeometrie betrifft den Reaktorkopf. Dieser verfügt nicht über einen waagerecheten Deckel, sondern verläuft komplett konisch bis zum Auslassrohr bei gleichem Steigungswinkel. Abbildung 7.13 vergleicht die beiden Ausführungen des Reaktorkopfes. In allen anderen Parametern entspricht der Reaktor der als Ausgangskonfiguration beschriebenen Ausführung.

Das Temperaturprofil in Abbildung 7.14 weist deutliche Unterschiede zu der Konfiguration mit flachem Reaktordeckel auf. Wieder treten die

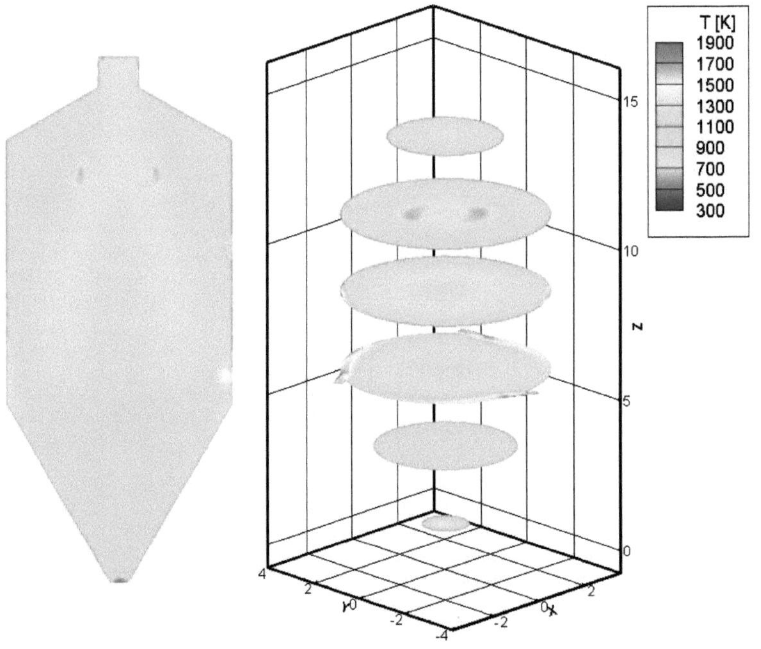

Abbildung 7.14.: Temperaturprofile des senkrechten Schnitts und ausgewählter Ebenen im Reaktor mit Vollkonus

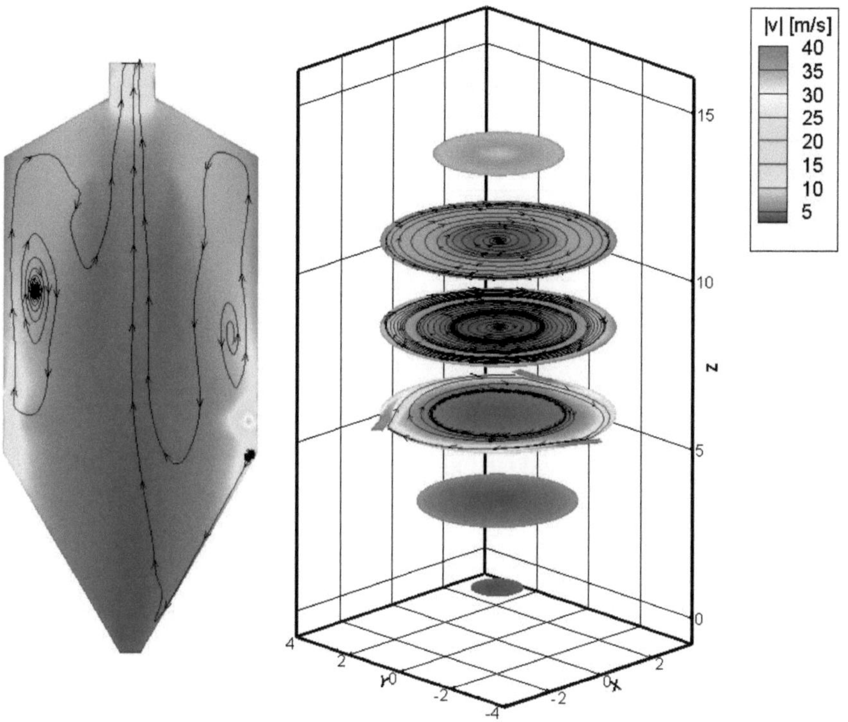

Abbildung 7.15.: Betrag der Gasgeschwindigkeit und Stromfäden im Reaktor mit Vollkonus, die Orientierung entspricht den Ebenen aus Abbildung 7.8.

Düsenstöcke als kälteste Punkte im oberen Reaktordrittel hervor. Der Temperaturabfall ist bei dieser Konfiguration in unmittelbarer Umgebung der Düsenstöcke nicht so ausgeprägt, dafür ziehen sich zwei lange Zonen mit Temperaturen von ca. 700 K hinab bis in die Brennerebene. Im Bereich unterhalb der Brenner herrschen Temperaturen von ca. 900 K.

Vergleicht man die Geschwindigkeit der Gasphase des Reaktors mit Vollkonus (Abbildung 7.15) mit der Variante mit flachem Deckel (Abbildung 7.4), so erscheint das Geschwindigkeitsprofil durch den Vollkonus homogenisiert zu werden. Der

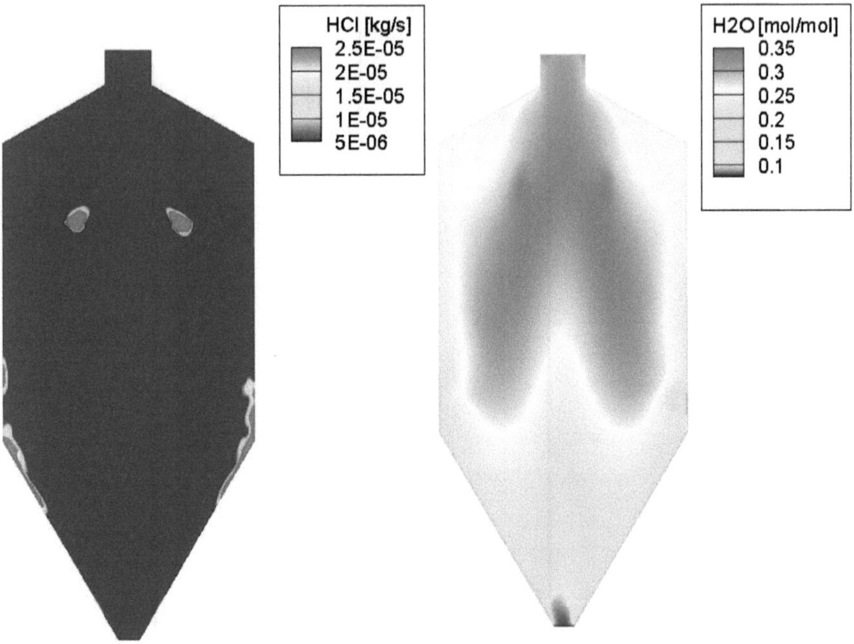

Abbildung 7.16.: Freisetzungsrate von Salzsäure (links) und Konzentration von Wasserdampf im Reaktor mit Vollkonus

Geschwindigkeitsabfall zur Reaktormitte ist weniger ausgeprägt, allerdings ist auch der Anstieg in Richtung der Reaktorwände moderater. Größtenteils beträgt die Gasgeschwindigkeit im Wandbereich rund 10 m/s. Die Stromfäden zeigen, dass die Wanderungsbewegung der Partikel in Bezug auf die Form des Reaktorkopfes relativ konfigurationsunabhängig ist.

Die Freisetzung von HCl, also des primären Reaktionsproduktes, unterscheidet sich hingegen deutlich von der in der Ausgangskonfiguration. Es finden sich zwei Zonen maximaler Freisetzung. Die erste Zone findet sich unmittelbar unterhalb der Düsenstöcke und

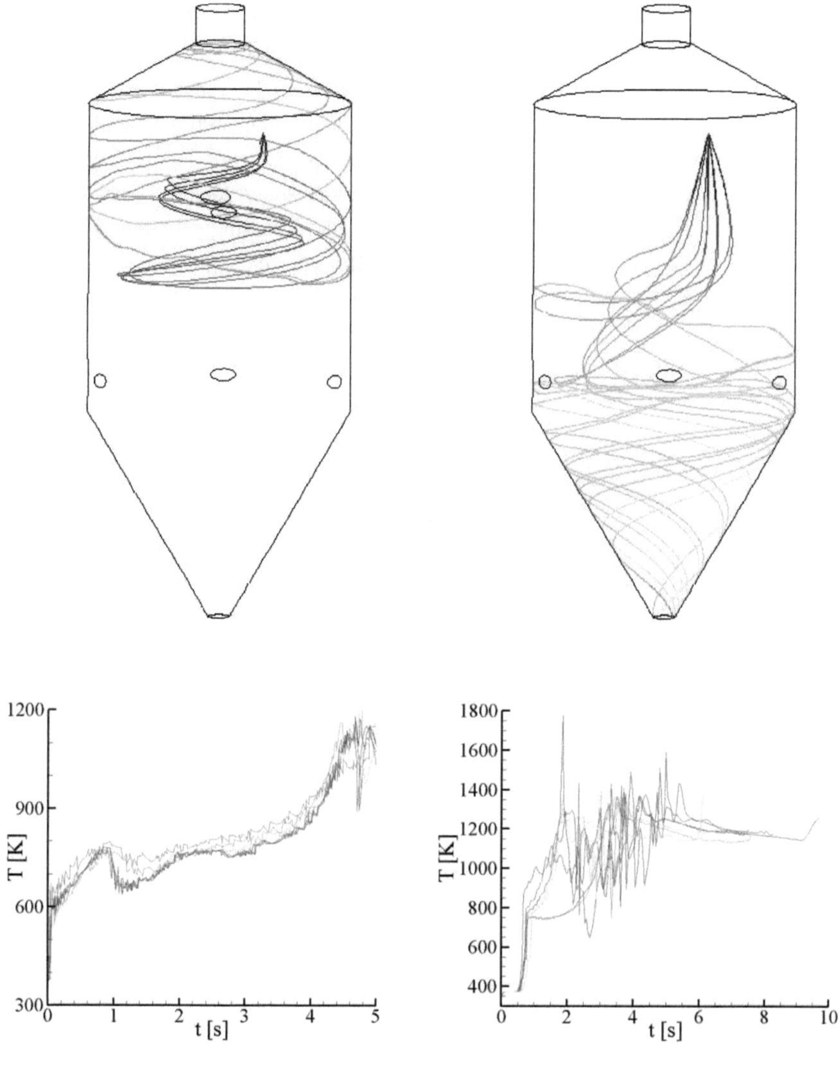

Abbildung 7.17.: Partikelbahnen (oben) und Partikeltemperaturen in Abhängigkeit von der Flugzeit im Reaktor mit konischem Kopf. Gezeigt sind die Trajektorien von Partikeln mit $d_p = 33\,\mu m$ (links) und $d_p = 317\,\mu m$.

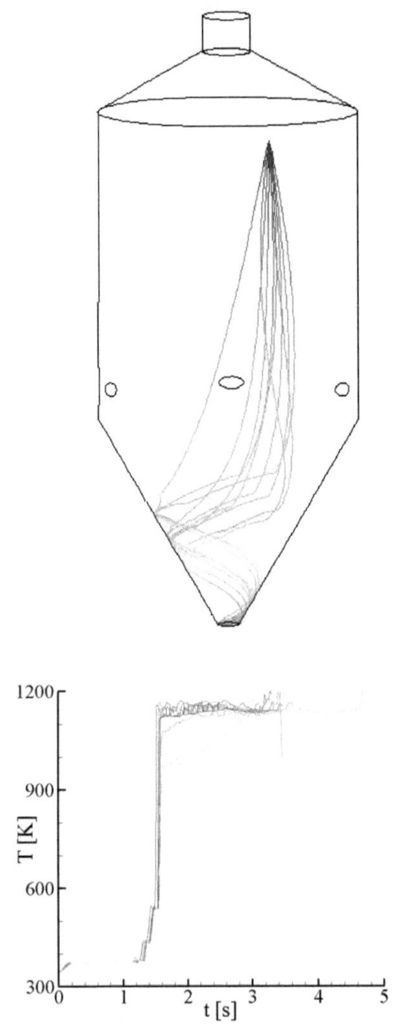

Abbildung 7.18.: Partikelbahnen (oben) und Partikeltemperaturen in Abhängigkeit von der Flugzeit im Reaktor mit konischem Kopf, $d_p = 600\,\mu m$.

leicht von diesen nach außen versetzt. Eine zweite Zone mit deutlicher HCl-Freisetzung findet sich unterhalb der Brenner im Übergangsbereich des zylindrischen in den unteren konischen Teil des Reaktors. Dies deutet darauf hin, dass zum einen kleine Partikel bedingt durch die geringfügig höhere Temperatur im Bereich der Düsenstöcke schneller mit der Umwandlung von $FeCl_2$ beginnen, größere hingegen durch die geringere Geschwindigkeit der Gasphase schneller in untere Reaktorbereiche absinken, um dort durch die Zentrifugalkraft in der Brennerebene nach außen gedrückt zu werden und im Wandbereich zu reagieren. Der Unterschied in der Wasserdampfkonzentration zeigt ebenfalls, dass deutlich mehr Partikel mit enthaltener Feuchte in untere Reaktorzonen vordringen, denn die Zone mit einer Wasserdampfkonzentration von weniger als $0,25\ \mathrm{mol}_{H_2O}\,/\,\mathrm{mol}_{\mathrm{Gas}}$ beginnt im Reaktor mit Vollkegel erst auf Höhe der Düsenstöcke.

Die Abbildungen 7.17 und 7.18 zeigen den Verlauf der Partikelbahnen in diesem Reaktor. Die kleinsten Partikel fallen zuerst in der Reaktormitte bis auf halbe Düsenstockhöhe herab. Sobald sie aber von der Zentrifugalkraft nach außen getragen werden, steigen sie auf. Dies hat auch entscheidenden Einfluss auf den Partikelaustrag am Reaktorkopf, der für die kleinste Fraktion 99,3 % beträgt. Auch von der nächst größeren simulierten Fraktion werden 25 % der Partikel dort ausgetragen. Erst die mittlere Fraktion fällt wieder schneller in tiefere Bereiche des Reaktors, wie Abbildung 7.17 zeigt. Die größten Partikel fallen sehr schnell aus dem Reaktor. Betrachtet man die Partikeltemperaturen, so verhalten sich die kleinsten und größten Partikel ähnlich wie in den vorhergehenden Reaktoren. Die Partikel der mittleren Größe zeigen aber nach 2 bis 6 Sekunden deutlich Schwankungen in der Partikeltemperatur mit Temperaturpeaks im Bereich von 1400 K. Aus den Trajektorien lässt sich schließen, dass die Partikel zu dieser Zeit in der Brennerzone häufig mit dem Heißgas in Kontakt kommen.

Neben dem Partikelaustrag am Reaktorkopf wurde auch ein deutlicher Restchlorgehalt in den Partikeln festgestellt. So wurden analog zum ersten Reaktor Partikelzustände beim Verlassen des Reaktors am unteren Ende ausgewertet. Diese enthielten noch 7,7 Massenprozent der Chlormenge, die in den Reaktor eingebracht wurde, so wie 7,6 Massenprozent Wüstit. Der schlechte Röstgrad stellt neben dem Partikelaustrag durch den Ofenkopf einen weiteren Nachteil dar.

8. Zusammenfassung und Ausblick

In der vorliegenden Arbeit wurde der Prozess der Partikelbildung durch Sprühröstung eisenchloridhaltiger Lösungen mittels experimenteller und numerischer Methoden untersucht. Da die Prozesse in industriellen Anlagen bislang nur durch empirische Ansätze optimiert wurden, konnte somit ein Beitrag geleistet werden, systematische Verbesserungen zu gewährleisten. Der Fokus lag dabei auf der Beschreibung der diskreten Phase, dargestellt durch die eingedüste Lösung.

Ein laminarer Fallrohreaktor wurde genutzt, um unter typischen Bedingungen die Partikelentstehung und die Geschwindigkeit des Röstprozesses zu bestimmen. Sowohl die Temperatur als auch die Gaszusammensetzung konnten der Realität nachempfunden werden. Tropfen definierten Durchmessers wurden der Röstreaktion unterzogen. Aus den extrahierten Feststoffproben konnten Aussagen über wesentliche Eigenschaften der entstandenen Eisenoxidpartikel getroffen werden. Die spezifische Oberfläche der Partikel wurde mittels Physisorptionsmessungen untersucht, ebenso die Verteilung der Porengröße der Partikeloberfläche. Erstere ist ein Qualitätskriterium für die weitere Nutzung der Eisenoxidpartikel, während letztere einen entscheidenden Beitrag zur Reaktionskinetik leistet. Die Partikel wurden mittels Röntgendiffraktometrie als teilreagiert mit einem Restgehalt an Eisenchlorid bestimmt. Diese Erkenntnis steht im Gegensatz zu bisherigen (nur in geringem Umfang vorhandenen) Modellen zur Beschreibung der Sprühröstreaktion.

Auf Grundlage der Ergebnisse aus den Versuchen am Fallrohrreaktor wurde ein vereinfachtes Modell zur numerischen Simulation der Abröstung von Eisenchlorid entwickelt. Wichtige Prozessdetails sind dabei eingeschlossen. Die Abtrennung der Kristallwasserstufen wurde berücksichtigt. Die Bildung von Hohlkugeln wurde in das Modell implementiert, ebenso das Blähverhalten der Partikel. Das Modell wurde in FLUENT-Simulationen eingesetzt, um die Funktionsweise zu belegen. Ausgehend von einem Modell des Laborreaktors wurde das Modell auf industrielle Anlagen übertragen.

Mit Hilfe dieses Modells konnten Simulationsrechnungen von Reaktoren verschiedener Konfiguration durchgeführt werden. Die Ergebnisse zeigen deutlich den Einfluss von Konstruktionsmerkmalen. In allen drei simulierten Reaktoren konnten die Flugbahnen der Partikel als voneinander abweichend festgestellt werden. Abhängig davon unterschieden sich auch die Partikelzustände am Ofenausgang. Dabei wurde der Fokus auf den Chlorgehalt gelegt, da ein geringer Chlorgehalt Grundvoraussetzung für die weitere Nutzung des Hämatits ist. Ebenso hat das Reaktordesign signifikanten Einfluss auf den unerwünschten Partikelaustrag durch den Ofenkopf. Vor allem Partikel der kleinen Größenfraktionen wurden hier gefunden. Die Ergebnisse zeigen, dass ein Schritt zur Verbesserung des Verständnisses industrieller Anlagen geleistet wurde.

Es wurden wertvolle Ergebnisse über die Abröstung von Eisenchlorid geliefert. Dennoch bleiben offene Fragen, die es zu beantworten gilt. Die Experimente im Fallrohreaktor lieferten nur Partikel in einem frühen Stadium mit geringem Reaktionsfortschritt. Versuche mit längeren Aufenthaltszeiten bieten die Möglichkeit, ohne starke Temperaturerhöhungen und somit atypische Bedingungen Partikel zu erzeugen, deren Röstprozess weiter fortgeschritten ist. Dabei ist zu prüfen, ob sich bei fortschreitender Röstung ein stärkerer Einfluss der Zusammensetzung der Gasphase beobachten lässt. Eine Verlängerung der Reaktionszeit bietet auch die Möglichkeit, die Partikelmorphologie größerer Partikel zu untersuchen und damit das Blähverhalten der Partikel durch Messwerte besser zu belegen. Ebenso kann die Erweiterung der Datenbasis genutzt werden, um weitere Stützpunkte zur Beschreibung der Reaktionsgeschwindigkeit zu erhalten. Die zeitliche Entwicklung der spezifischen Oberfläche ist sowohl von Interesse, um die Nutzbarkeit des Endproduktes zu gewährleisten, als auch um den Verlauf der Porosität und deren Einfluss auf die Reaktionskinetik zu beschreiben. Eine Erweiterung der Versuchsmatrix um Versuche bei höheren Gastemperaturen bietet die Möglichkeit, eine Temperaturobergrenze zu definieren, oberhalb der die spezifische Oberfläche der Partikel zu klein für eine sinnvolle Nutzung des Endproduktes wird.

A. Anhang

A.1. Ergebnisse der Physisorptionsmessungen

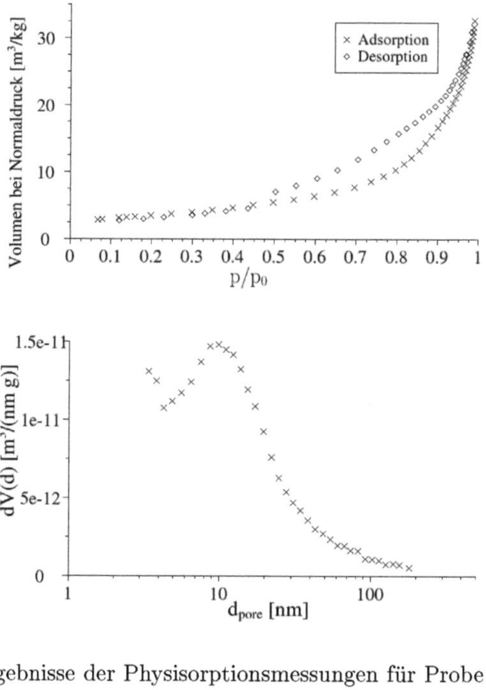

Abbildung A.1.: Ergebnisse der Physisorptionsmessungen für Probe 2, Adsorptions- und Desorptionskurve oben, Porengrößenverteilung unten.

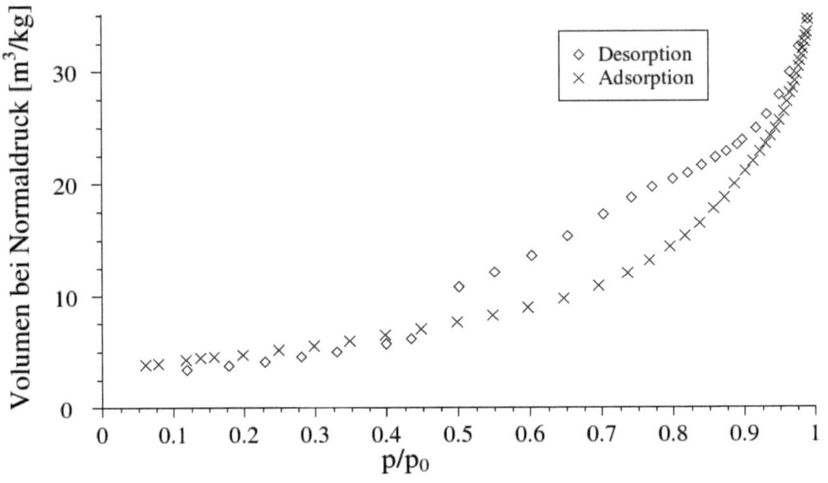

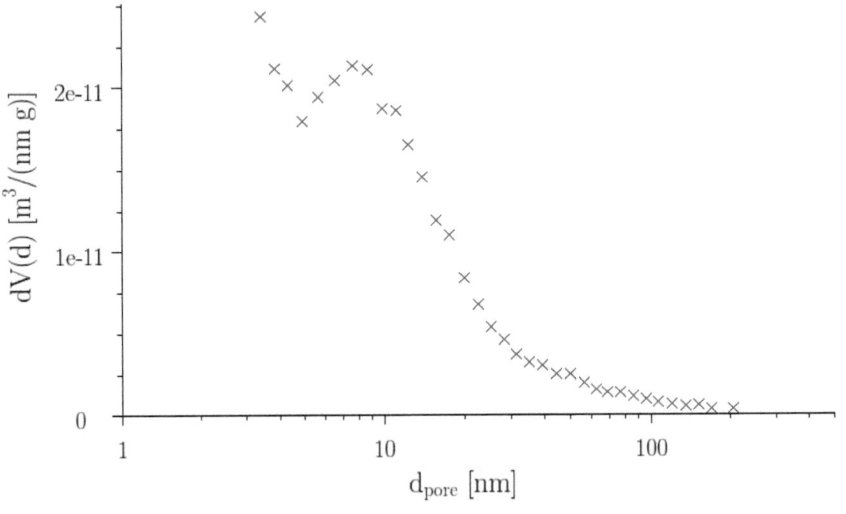

Abbildung A.2.: Ergebnisse der Physisorptionsmessungen für Probe 3, Adsorptions- und Desorptionskurve oben, Porengrößenverteilung unten.

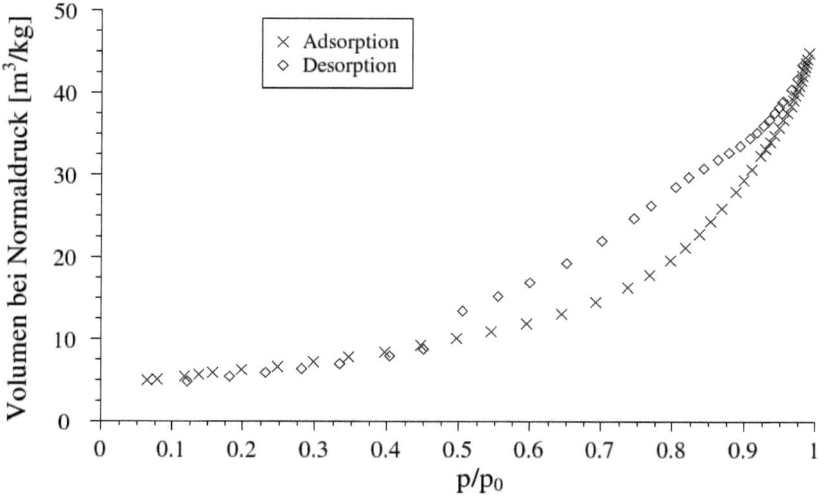

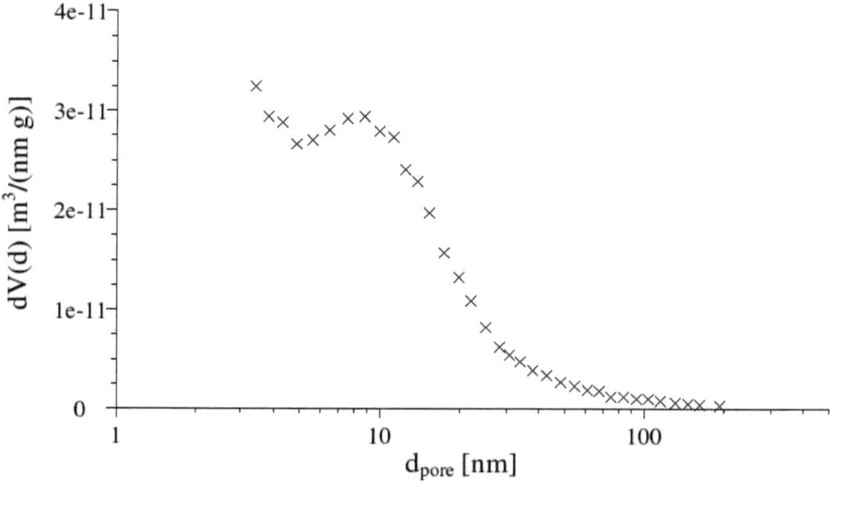

Abbildung A.3.: Ergebnisse der Physisorptionsmessungen für Probe 4, Adsorptions- und Desorptionskurve oben, Porengrößenverteilung unten.

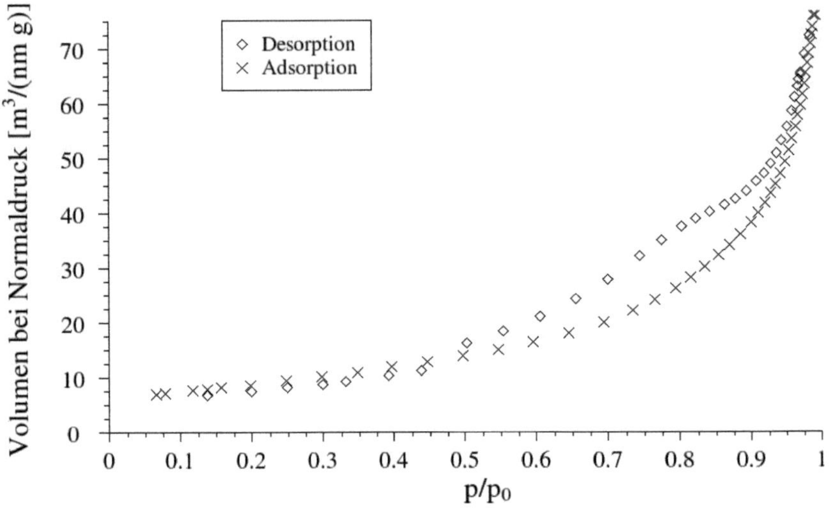

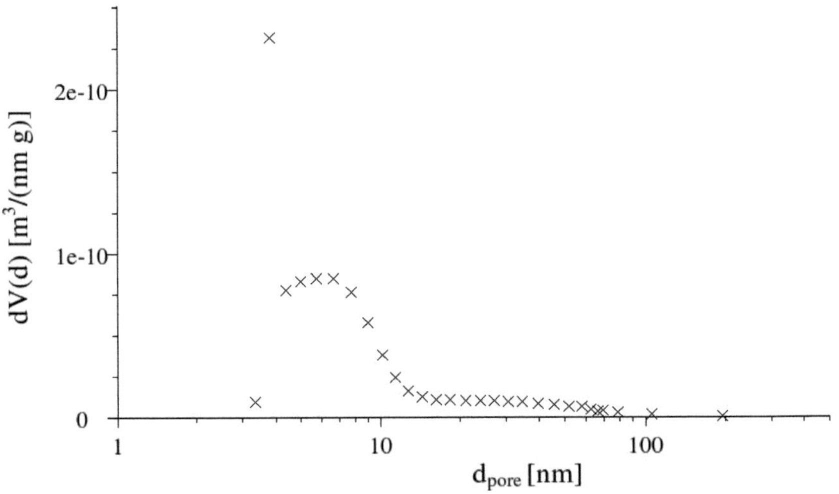

Abbildung A.4.: Ergebnisse der Physisorptionsmessungen für Probe 5, Adsorptions- und Desorptionskurve oben, Porengrößenverteilung unten.

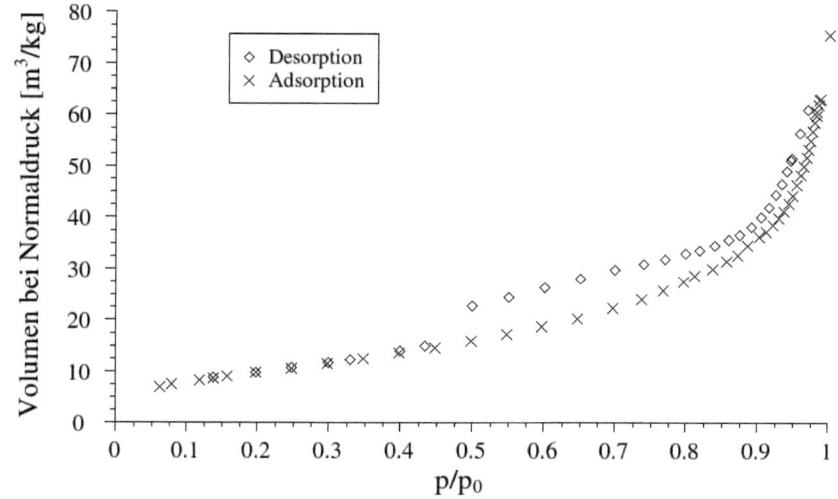

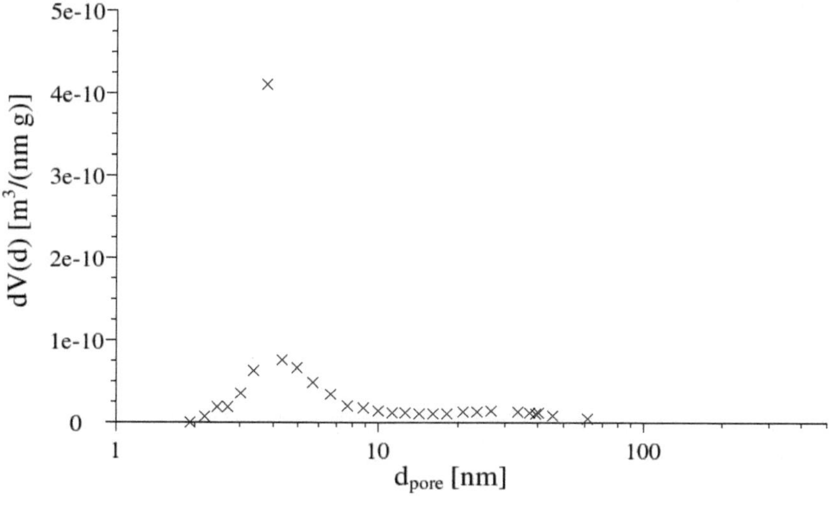

Abbildung A.5.: Ergebnisse der Physisorptionsmessungen für Probe 6, Adsorptions- und Desorptionskurve oben, Porengrößenverteilung unten.

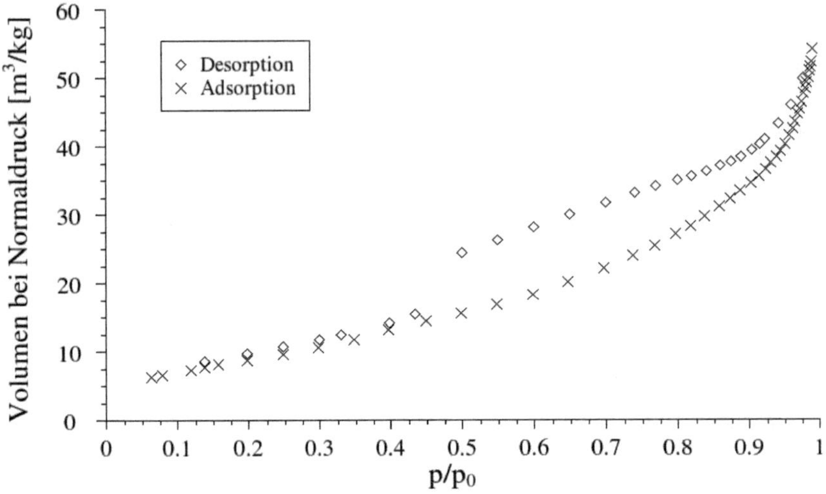

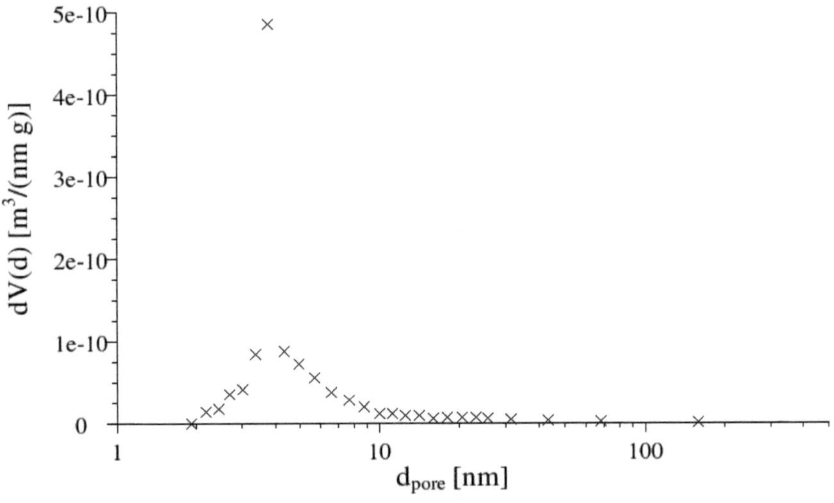

Abbildung A.6.: Ergebnisse der Physisorptionsmessungen für Probe 7, Adsorptions- und Desorptionskurve oben, Porengrößenverteilung unten

A.2. Ergebnisse der röntgendiffraktometrischen Messungen

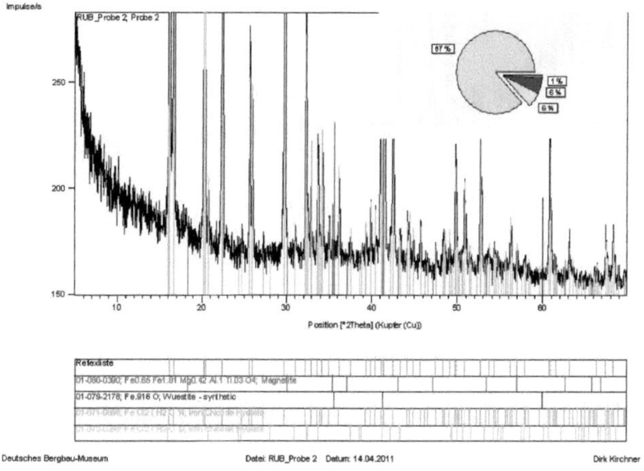

Abbildung A.7.: Röntgendiffraktometerspektrum von Probe 2.

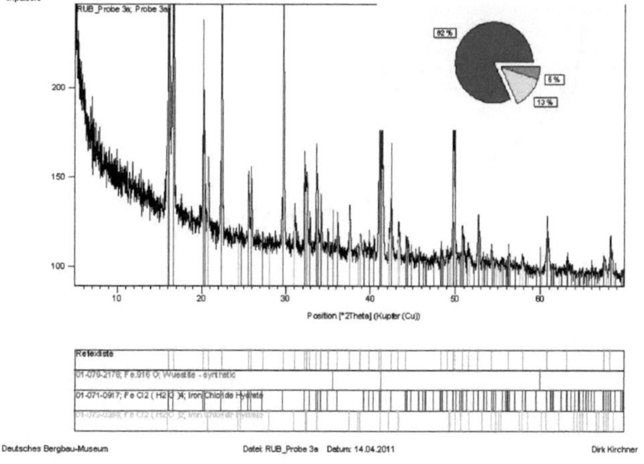

Abbildung A.8.: Röntgendiffraktometerspektrum von Probe 3.

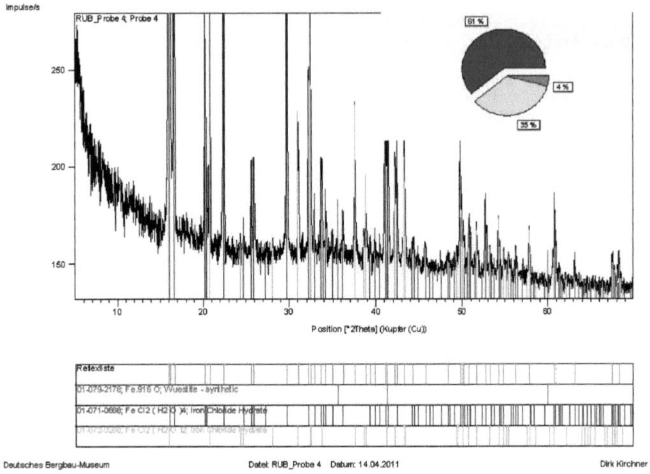

Abbildung A.9.: Röntgendiffraktometerspektrum von Probe 4.

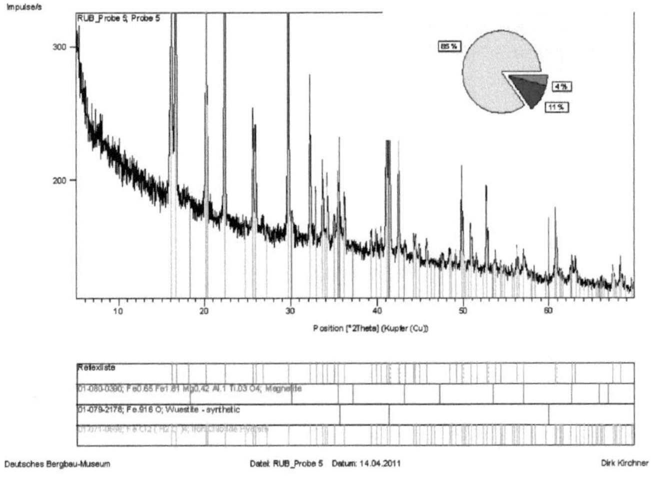

Abbildung A.10.: Röntgendiffraktometerspektrum von Probe 5.

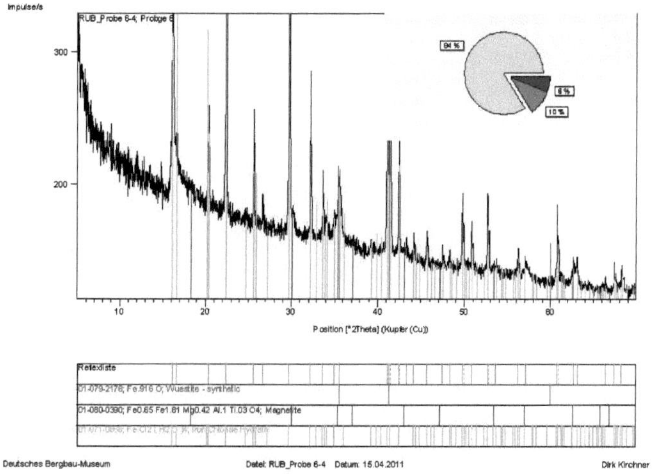

Abbildung A.11.: Röntgendiffraktometerspektrum von Probe 6.

A.3. Partikelreynoldszahlen in industriellen Reaktoren

In Folgenden werden exemplarisch für je 10 Partikel (verteilt über die 5 Größenfraktionen 33, 175, 317, 458 und 600 μm, Kapitel 7.1) die Partikelreynoldszahlen bis zu einer Verweilzeit von 10 s im Reaktor dargestellt. Es zeigt sich, dass in allen Fällen die Partikelreynoldszahl kleiner als 400 ist.

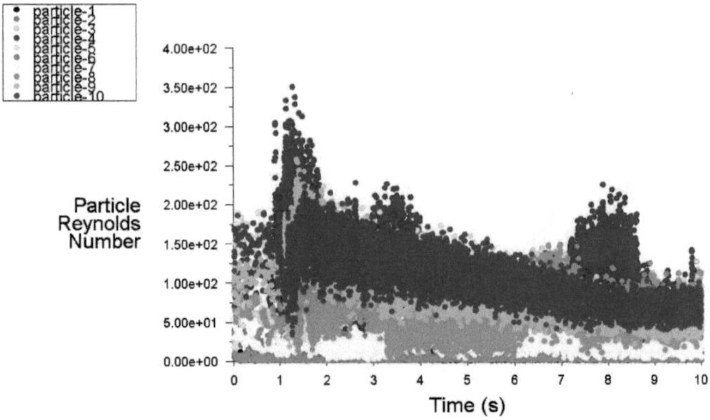

Abbildung A.12.: Exemplarische Partikelreynoldszahlen im Ausgangsreaktor.

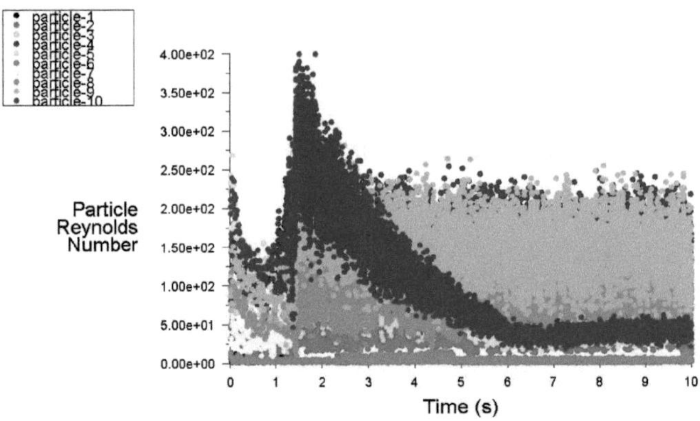

Abbildung A.13.: Exemplarische Partikelreynoldszahlen im Reaktor mit verringertem Düsenstockabstand.

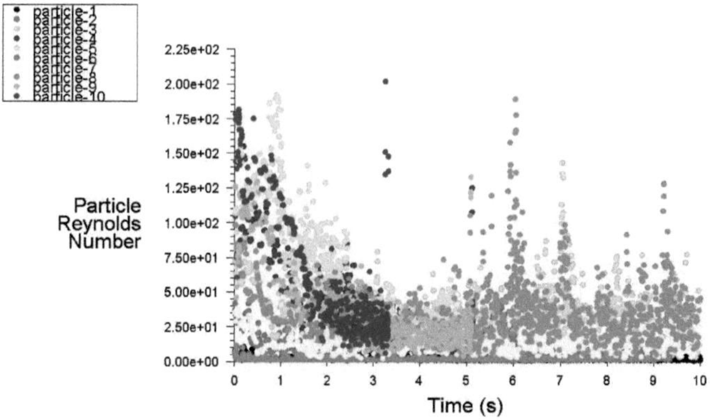

Abbildung A.14.: Exemplarische Partikelreynoldszahlen im Reaktor mit Vollkonus.

Abbildungsverzeichnis

Tabellenverzeichnis

Literaturverzeichnis

[1] Agde, G. ; Schimmel, Fr.: Über den Existenznachweis des Eisenchlorürhexahydrats. In: *Zeitschrift für anorganische und allgemeine Chemie* 173 (1928), Juni, Nr. 1, S. 111–114

[2] Baehr, H. D. ; Stephan, K.: *Wärme- und Stoffübertragung.* 5. Auflage. Berlin : Springer-Verlag, 2006

[3] Balandin, A.: In: *Z. phys. Chem.* 116 (1925), 131 S.

[4] Barrett, E. P. ; Joyner, L. G. ; Halenda, P. P.: The determination of pore volume and area distributions in porous substances. I. Computations from nitrogen isotherms. In: *Journal of the American Chemical Society* 73 (1951), Nr. 1, S. 373–380

[5] Battle, P. D. ; Cheetham, A. K.: The magnetic structure of non-stoichiometric ferrous oxide. In: *Journal of Physics C: Solid State Physics* 12 (1979), Januar, Nr. 2, S. 337–345

[6] Beck, M.: *Experimental and Numerical Analysis of Fe2O3 -Particle Formation in Spray Roasting Reactors*, Ruhr-Universität Bochum, Dissertation, 2007

[7] Beck, M. ; Scherer, V. ; Wirtz, S.: Experimental Setup to Examine Fe2O3 Particle Formation in Spray Roasting Reactors. In: *Chemical Engineering & Technology* 28 (2005), Juni, Nr. 6, S. 659–663

[8] Beck, M. ; Wirtz, S. ; Scherer, V.: Experimental and Numerical Studies of Fe2O3 Particle Formation Processes in a Flat Flame Burner. In: *Chemical Engineering & Technology* 30 (2007), Juni, Nr. 6, S. 790–796

[9] Beck, M. ; Wirtz, S. ; Scherer, V. ; Bärhold, F.: Numerical Calculations of Spray Roasting Reactors of the Steel Industry with Special Emphasis on Fe2O3-Particle Formation. In: *Chemical Engineering & Technology* 30 (2007), Oktober, Nr. 10, S. 1347–1354

[10] BILTZ, W. ; BIRK, E.: Über die Koppsche Volumenregel bei kristallisierten Stoffen und über gleichräumige Komplexverbindungen. In: *Zeitschrift für anorganische und allgemeine Chemie* 134 (1924), März, Nr. 1, S. 125–136

[11] BITYUKOV, V. K. ; PETROV, V. a.: Optical quartz glass as a reference substance for the thermal conductivity coefficient of partially transparent materials. In: *High Temperature* 38 (2000), März, Nr. 2, S. 293–299

[12] BRENN, G.: Modeling and Experimental Investigation of the Morphology of Spray Dryed Particles. In: *Chemical Engineering* 24 (2001), November, Nr. 11, S. 1113–1116

[13] BRENN, G.: Concentration Fields in Drying Droplets. In: *Chem. Eng. & Tech.* 27 (2004), S. 1252–1258

[14] BRENN, G.: Konzentrationsverteilungen in trocknenden Tropfen. In: *Chemie Ingenieur Technik* (2004), Nr. 3, S. 267–272

[15] BRUNAUER, S. ; EMMETT, P. H. ; TELLER, E.: Adsorption of gases in multimolecular layers. In: *Journal of the American Chemical Society* 60 (1938), Nr. 2, S. 309–319

[16] CHARLESWORTH, D. H. ; MARSHALL JR, W. R.: Evaporation from drops containing dissolved solids. In: *AIChE Journal* 6 (1960), März, Nr. 1, S. 9–23

[17] CHASE, M. W.: NIST-JANAF Themochemical Tables, Fourth Edition. In: *J. Phys. Chem. Ref. Data, Monograph 9* (1997), S. 1–1159

[18] CHEETHAM, A. K. ; FENDER, V. E. F. ; TAYLOR, R. I.: High temperature neutron diffraction study of Fe 1-x O. In: *Journal of Physics C: Solid State Physics* 4 (1971), Oktober, Nr. 14, S. 2160–2165

[19] CHUI, E. H. ; RAITHBY, G. D.: Computation of Radiant Heat Transfer on a Non-Orthogonal Mesh Using the Finite-Volume Method. In: *Numerical Heat Transfer, Part B* 23 (1993), S. 269–288

[20] CORNELL, R. M. ; SCHWERTMANN, U.: *The Iron Oxides.* Weinheim : VCH, 1996

[21] CUSSLER, E. L.: *Diffusion - Mass Transfer in Fluid Systems.* 1. Auflage. Cambridge/New York : Cambridge University Press, 1997

[22] DAVIS, J. R.: *Thermal Spray Technology*. 1. Auflage. Materials Park, OH : ASM International, 2004

[23] DIECKMANN, R.: Defects and Cation Diffusion in Magnetite (IV): Nonstoichiometry and Point Defect Structure of Magnetite (Fe3-δO4). In: *Berichte der Bunsengesellschaft* 86 (1982), Nr. 2, S. 112–118

[24] DUFOUR, J. ; LATORRE, R. ; NEGRO, C. ; LÓPEZ-MATEOS, F. ; ALCALÁ, EM ; FORMOSO, A.: Optimal iron oxides for obtaining hexaferrites. In: *Le Journal de Physique IV* 7 (1997), März, Nr. C1, S. 1–1

[25] DUNN, J. T.: The Density of Aqaeous Iron-Chloride Solutions. In: *Journal of the Society of Chemical Industry* 21 (1902), März, Nr. 6, S. 390

[26] FARADAY, M.: No Title. In: *Pogg. Ann.* 70 (1847), S. 28

[27] FILHOL, M.: Etudes sur le Rapport qui Existe le Poids Atomique, la Forme Cristalline et la Densite des Corps. In: *Ann. Chim. Phys.* 21 (1847), Nr. 3, S. 417

[28] FROHN, A.: *Dynamics of Droplets*. Berlin : Springer-Verlag, 2000

[29] FURUTA, T. ; HAYASHI, H. ; OHASHI, T.: Some Criteria of Spray Dryer Design for Food Liquid. In: *Drying Technology* 12 (1994), Nr. 1, S. 151–177

[30] GIUSTA, A. ; PRINCIVALLE, F. ; CARBONIN, S.: Crystal structure and cation distribution in some natural magnetites. In: *Mineralogy and Petrology* 37 (1987), Dezember, Nr. 3-4, S. 315–321

[31] GOBBO, L.: Using X-ray Diffraction in the hunt for cost and CO2 reductions in the metal industries. In: *Nordic steel and mining review* (2010), Nr. 03, S. 32–37

[32] GOLDSTEIN, J. I. ; YAKOWITZ, H. ; NEWBURY, D. E. ; COLBY, J. W. ; LIFSHIN, E. ; COLEMANN, J. R.: *Practical scanning electron microscopy*. New York : Plenum Press, 1976

[33] GOSSNER, B.: No Title. In: *Z. Kryst.* 41 (1906), S. 526

[34] HACKERT, G.: *Untersuchung des Zünd- und Abbrandverhaltens von Kohlepartikeln unter Druckbedingungen mit Hilfe eines Messverfahrens auf Basis von CCD-Hochgeschwindigkeitskameras*, Ruhr-Universität Bochum, Dissertation, 2000

[35] HAKE, A.: The Pickling of Steel With Hydrochloric Acid and Total Regeneration of the Hydrochloric Acid as Well Acid Acontaining Washing Waters. In: *Österr. Chem. Ztg.* 6 (1967), S. 180

[36] HECHT, J. P. ; KING, C. J.: Spray Drying: Influence of developing drop morphology on drying rates and retention of volatile substances. 2. Modeling. In: *In. Eng. Chem. Res.* 39 (2000), S. 1766–1774

[37] HOLT, D. B. ; MUIR, M. D. ; GRANT, P. R. ; BOSWARVA, I. M.: *Quantitative Scanning Electron Microscopy.* London : Academic Press, 1974

[38] HONDA, K. ; ISHIWARA, T.: In: *Sci. Rep. Tohoku* 4 (1915), S. 215

[39] HUDSON, T. L.: *Growth , Diffusion , and Loss of Subsurface Ice on Mars : Experiments and Models Thesis by*, California Institute of Technology, Pasadena, Dissertation, 2008

[40] JEDLICKA, H.: Spray Roasting Regeneration of Spent HCl as Applied to Small Pickling Plants. In: *Iron and Steel Engineer* September (1978), S. 73–75

[41] JOHANSSON, S. ; GEZA, V. ; WESTERBERG, L. G. ; JAKOVICS, A.: Characteristics of flow and temperature distribution in a Ruthner process. In: *Modelling for material Processing* Bd. 20. Riga, 2010, 317–322

[42] JOHNE, R. ; SEVERIN, D.: Die Oberflächenmessung mit dem Areameter. In: *Chemie Ingenieur Technik* 37 (1965), Nr. 1, S. 57–61

[43] JONES, W. ; LINDSTEDT, R.: Global reaction schemes for hydrocarbon combustion. In: *Combustion and Flame* 73 (1988), September, Nr. 3, S. 233–249

[44] JOSEPH, Y.: *Spektroskopische Untersuchungen zur Oberflächenchemie von einkristallinen Eisenoxidfilmen*, Freie Universität Berlin, Dissertation, 2001

[45] KAST, W.: *Adsorption aus der Gasphase.* Weinheim : VCH, 1988

[46] KETTELER, G. ; WEISS, W. ; RANKE, W. ; SCHLÖGL, R.: Bulk and surface phases of iron oxides in an oxygen and water atmosphere at low pressure. In: *Physical Chemistry Chemical Physics* 3 (2001), Nr. 6, S. 1114–1122

[47] KLADNIG, W. F.: A review of steel pickling and acid regeneration an environmental contribution. In: *International Journal of Materials and Product Technology* 19 (2003), Nr. 6, S. 550

[48] KLADNIG, W. F.: Synthetic Fe2O3 pigments derived by spray roasting hydrochloric solutions-a review. In: *International Journal of Materials and Product* 21 (2004), Nr. 6, S. 555–564

[49] KLADNIG, W. F.: New Development of Acid Regeneration in Steel Pickling Plants. In: *Journal of Iron and Steel Research, International* 15 (2008), Juli, Nr. 4, S. 1–6

[50] KNUDSEN, M.: *The kinetic theory of gases: some modern aspects.* Wisconsin : Methuen, 1950 (Methuen's monographs on physical subjects)

[51] KOCH, F. ; COHEN, J. B.: The defect structure of Fe(1-x)O. In: *Acta Crystallographica Section B Structural Crystallography and Crystal Chemistry* 25 (1969), Februar, Nr. 2, S. 275–287

[52] KRISCHER, W. O. und K. O. und Kast: *Trocknungstechnik, 3. Auflage.* Berlin : Springer-Verlag, 1978

[53] KRIVOGLAZ, M. A.: *X-Ray and Neutron Diffraction in Nonideal Crystals.* Berlin : Springer-Verlag, 1996

[54] KUTS, P. S. ; STRUMILLO, C. ; ZBICINSKI, I.: Evaporation kinetics of single droplets containing dissolved biomass. In: *Drying technology* 14 (1996), Nr. 9, S. 2041–2060

[55] LANDOLT, H.: *Zahlenwerte und Funktionen aus Physik, Chemie, Astronomie, Geophysik und Technik.* 2a. Auflage. Berlin : Springer-Verlag, 1960

[56] LANGMUIR, I.: The constitution and fundamental properties of solids and liquids. In: *Journal of the Franklin Institute* 183 (1917), Nr. 1, S. 102–105

[57] LESCOEUR, H.: Recherches sur la dissociation des hydrates salines et due composes analogues. In: *Ann. Chim. Phys.* (1894), Nr. 2, S. 78–95

[58] MAASS, P. ; PEISSKER, P.: *Handbook of Hot-dip Galvanization.* 1. Auflage. Weinheim : Wiley-VCH, 2011

[59] MAGNUSSEN, BF: On the structure of turbulence and a generalized eddy dissipation concept for chemical reaction in turbulent flow. In: *19th AIAA Aerospace Meeting, St. Louis, USA*, 1981

[60] MARTENS, H.: *Recyclingtechnik: Fachbuch fuer Lehre und Praxis.* 1. Auflage. Spektrum akademischer Verlag, 2010

[61] Mason, E. A. ; Malinauskas, A.P.: *Gas Transport in Porous Media: The Dusty-Gas Model.* Amsterdam : Elsevier, 1983

[62] Masters, K.: *Spray Drying Handbook.* 3. Auflage. London : George Godwin Limited, 1979

[63] Menter, F. R.: Two-equation eddy-viscosity turbulence models for engineering applications. In: *AIAA journal* 32 (1994), Nr. 8, S. 1598–1605

[64] Meunier-Piret, J. ; Van Meerssche, M.: Nouvelle détermination de la structure du chlorure de fer(II) tétrahydraté. In: *Acta Crystallographica Section B Structural Crystallography and Crystal Chemistry* 27 (1971), Dezember, Nr. 12, S. 2329–2331

[65] Meyer, R. J.: *Gmelins Handbuch der anorganischen Chemie.* 8. Auflage. Berlin : Verlag Chemie GmbH, 1932

[66] Narin, O. ; Wirtz, S. ; Scherer, V. ; Lebel, A.: Numerische Simulation eines mit Erdgas befeuerten Reaktors zur Beizsäureregeneration. In: *21. Deutscher Flammentag, VDI Berichte* 1750 (2003), S. 703–708

[67] Negro, C.: Treatment and Recovery of Pickling Liquors. In: *J. Environ. Sci. Health* 29(9) (1994), S. 1899–1926

[68] Peek, E. M. L.: *Chloride Pyrohydrolysis, lixiviant regeneration and metal separation*, Delft, Dissertation, 1996

[69] Radler, M. ; Cohen, J. ; Faber Jr., J.: Point defect clusters in wüstite. In: *Journal of Physics and Chemistry of Solids* 51 (1990), Nr. 3, S. 217–228

[70] Raithby, G. D. ; Chui, E. H.: A Finite-Volume Method for Predicting a Radiant Heat Transfer in Enclosures with Participating Media. In: *J. Heat Transfer* 112 (1990), S. 415–423

[71] Rayleigh, L.: On the instability of jets. In: *Proceedings of the London Mathematical Society* 1 (1878), Nr. 1, S. 4

[72] Rayleigh, L.: On the capillary phenomena of jets. In: *Proceedings of the Royal Society of London* 29 (1879), Nr. 196-199, S. 71

[73] Regel-Rosocka, M.: A review on methods of regeneration of spent pickling solutions from steel processing. In: *Journal of hazardous materials* 177 (2010), Nr. 1-3, S. 57–69

[74] Reid, R. C. ; Prausnitz, J. M. ; Poling, B. E.: *The Properties of Gases and Liquids.* Fourth. USA : McGraw-Hill, 1987

[75] Reimer, L. ; Pfefferkorn, G.: *Raster-Elektronenmikroskopie.* Berlin : Springer-Verlag, 1973

[76] Riesenfeld, E. H.: *Anorganische Chemie.* Leipzig : S. Hirzel, 1934

[77] Rincón Pratt, S.: *Zur Adsorption und Reaktion von Stickstoffmonoxid an Aktivkohle*, Kassel, Dissertation, 2005

[78] Rituper, R.: *Beizen von Metallen (Pickling of metals).* Saulgau : Leuze Verlag, 1993

[79] Roberts, D. G.: *Intrinsic reaction kinetics of coal chars with oxygen, carbon dioxide and steam at elevated pressures*, University of Newcastle, Dissertation, 2000

[80] Robson, J.: Steel Pickling : A Profile Steel Pickling / U.S. Environmental Protection Agency. Reasearch Triangle Park, NC, 1993 (68). – Forschungsbericht

[81] Rollason, R. J. ; Plane, J. M. C.: The reactions of FeO with O3, H2, H2O, O2 and CO2. In: *Physical Chemistry Chemical Physics* 2 (2000), Nr. 10, S. 2335–2343

[82] Roth, K.: *Soot Formation During the Production of Syngas from the Partial Oxidation of Diesel Fuel*, Ruhr Universität Bochum, Dissertation, 2006

[83] Salazar-Alvarez, G.: *Synthesis , Characterisation and Applications of Iron Oxide Nanoparticles*, Stockholm, Dissertation, 2004

[84] Sano, Yuji ; Keey, R.B.: The drying of a spherical particle containing colloidal material into a hollow sphere. In: *Chemical Engineering Science* 37 (1982), Nr. 6, S. 881–889. – ISSN 00092509

[85] Satterfield, C. N.: *Heterogeneous Catalysis in Industrial Practice.* 2. Auflage. New York : McGraw-Hill, 1991

[86] Schenck, R. ; Dingmann, Th. ; Ebert, W. ; Kesting, W. ; Lepetit, G. ; Müller, Joh. ; Pratje, W.: Gleichgewichtsuntersuchungen Über die Reduktions-, Oxydations- und Kohlungsvorgänge beim Eisen. III. 4. Systematische Untersuchungen über die Reduktions- und Oxydationsbeziehungen zwischen den Eisenoxyden, Eisen, Kohlenmonoxyd und Kohlendioxyd. In: *Zeitschrift für anorganische und allgemeine Chemie* 166 (1927), September, Nr. 1, S. 113–154

[87] SCHNEIDER, J. M. ; HENDRICKS, C. D.: Source of Uniform-Sized Liquid Droplets. In: *Review of Scientific Instruments* 35 (1964), Nr. 10, S. 1349

[88] SERGEEV, O. A. ; SHASHKOV, A. G. ; UMANSKII, A. S.: Thermophysical properties of quartz glass. In: *Journal of Engineering Physics* , Dezember, Nr. 6, S. 1375–1383

[89] SHMAKOV, A. N. ; KRYUKOVA, G. N. ; TSYBULYA, S. V. ; CHUVILIN, A. L. ; SOLOVYEVA, L. P.: Vacancy Ordering in γ-Fe 2 O 3 : Synchrotron X-ray Powder Diffraction and High-Resolution Electron Microscopy Studies. In: *Journal of Applied Crystallography* 28 (1995), April, Nr. 2, S. 141–145

[90] SIRIGNANO, W. A.: *Fluid dynamics and transport of droplets and sprays.* Bd. 122. Cambridge : Cambridge University Press, 1999

[91] SLOTH, J. ; KIIL, S. ; JENSEN, A. ; ANDERSEN, S. ; JORGENSEN, K. ; SCHIFFTER, H. ; LEE, G.: Model based analysis of the drying of a single solution droplet in an ultrasonic levitator. In: *Chemical Engineering Science* 61 (2006), April, Nr. 8, S. 2701–2709

[92] STEINBACH, W. ; BAERHOLD, F.: Comparison of spray roasting and fluidised bed granulation for the recovery of hydrochloric acid from metallurgical processes through pyrohydrolysis, Chloride Metallurgy 2002. In: *Metallurgical Society of Canada, 52nd Annual Hydrometallurgy Meeting, Eds. E. Peck and G. Van Weert, Metallurgical Society of Canada*, 2002, 643–655

[93] TEJA, A. S. ; KOH, P.: Synthesis, properties, and applications of magnetic iron oxide nanoparticles. In: *Progress in Crystal Growth and Characterization of Materials* 55 (2009), März, Nr. 1-2, S. 22–45

[94] VELDSINK, J. W. ; VAN DAMME, R. M. J. ; VERSTEEG, G. F. ; VAN SWAAIJ, W. P. M.: The use of the dusty-gas model for the description of mass transport with chemical reaction in porous media. In: *The Chemical Engineering Journal and the Biochemical Engineering Journal* 57 (1995), Nr. 2, S. 115–125

[95] VILCU, R. ; COSEAC, T. ; OANCEA, D.: Some Kinetic Aspects of the High-Temperature Anhydrous FeCl2 Hydrolysis Reaction. In: *Revue Roumaine de Chimie* 42 (1997), Nr. 2, S. 93–97

[96] WARNATZ, J. ; MAAS, U. ; DIBBLE, R.: *Verbrennung.* 3. Auflage. Berlin : Springer, 2001

[97] WESTERBERG, L. G. ; GEZA, V. ; JAKOVICS, A. ; LUNDSTRÖM, T. S.: Burner Backflow Reduction in Regeneration Furnace. In: *pure.ltu.se* (2011), Nr. Iii, S. 1–24

[98] WILKE, C. R. ; CHANG, P.: Correlation of diffusion coefficients in dilute solutions. In: *AICHE Journal* 1 (1955), S. 264–270

[99] WYCKOFF, R. W. G. ; CRITTENDEN, E.: The Preparation and Crystal Structure of Ferrous Oxide. In: *Structure* 47 (1926), Nr. 1917, S. 2876–2882

[100] ZASPALIS, V.: Method for the morphological characterization of powder raw materials for the manufacturing of ceramics. In: *Journal of Materials Processing Technology* 142 (2003), November, Nr. 1, S. 267–274

[101] ZASPALIS, V. ; KOLENBRANDER, M.: Design principles for spray-roasted iron oxides for the manufacturing of ferrites. In: *Powder technology* 161 (2006), Nr. 3, S. 169–174

Lebenslauf

Name:

Martin Schiemann

Adresse:

Mozartstraße 38
44575 Castrop-Rauxel
email: schiemann@leat.rub.de

Persönliche Daten:

Nationalität	:	deutsch
Familienstand	:	verheiratet
Geburtsdatum	:	04.05.1981
Geburtsort	:	Castrop-Rauxel

Schulische Laufbahn

1987-1991	:	Grundschule an der Wilhelmstraße, Castrop-Rauxel
1991-2000	:	Ernst-Barlach Gymnasium, Castrop-Rauxel
Juni 2000	:	Schulabschluss: Allgemeine Hochschulreife, Abitur
2001-2006	:	Studium der Physik an der Ruhr-Universität Bochum
11.09.2006	:	Studienabschluss, Grad Diplom-Physiker
2007-2011	:	Doktorarbeit an der Ruhr-Universität Bochum, Fakultät für Maschinenbau, Lehrstuhl für Energieanlagen- und Energieprozesstechnik

Sonstige Aktivitäten

2000-2001	:	Zivildienst in der Seniorenresidenz am Castroper Holz, Castrop-Rauxel